FORSCHUNGSBERICHTE DES LANDES NORDRHEIN-WESTFALEN

Nr. 2122

Herausgegeben im Auftrage des Ministerpräsidenten Heinz Kühn
von Staatssekretär Professor Dr. h. c. Dr. E. h. Leo Brandt

Prof. Dr.-Ing. habil. Hans Herfeld

Versuchs- und Forschungsanstalt für Ledertechnik der Westdeutschen Gerberschule, Reutlingen

Untersuchungen zur Verbesserung der Herstellungsverfahren und der Eigenschaften technischer Leder

Abschlußbericht

Springer Fachmedien Wiesbaden GmbH

Verlags-Nr. 012122
ISBN 978-3-663-06588-3   ISBN 978-3-663-07501-1 (eBook)
DOI 10.1007/978-3-663-07501-1

© 1970 by Springer Fachmedien Wiesbaden
Ursprünglich erschienen bei Westdeutscher Verlag GmbH, Köln und Opladen 1970.

Inhalt

Einleitung 2

I. Treibriemenleder für Hochleistungsantriebe 2
   1. Untersuchungen handelsüblicher Treibriemenleder 3
   2. Äscheraufschluß für Treibriemenleder 6
   3. Pflanzliche Gerbung für Treibriemenleder 7
   4. Fettung für Treibriemenleder 11
   5. Untersuchungen zur Frage der Verklebung 14

II. Chromgare bzw. kombiniert gegerbte Zylinderkalbleder 17
   1. Anforderungen an Zylinderkalbleder und Problemstellung dieser Arbeit.. 17
   2. Einfluß der Wasserwerkstattarbeiten 19
   3. Einfluß von Pickel und Gerbung 23
   4. Einfluß der Neutralisation, Nachgerbung und Fettung 28
   5. Einfluß der mechanischen Zurichtung 33
   6. Elektrostatische Aufladung von Zylinderkalbledern 33

III. Ölfestimprägnierung von Ledermanschetten 35
   1. Laboratoriumsmäßige Prüfungen 36
   2. Erprobung im Großversuch 41
   3. Ölfeste Oberflächenimprägnierung mit Siliconen 44

IV. Zusammenfassung 44
   1. Treibriemenleder 45
   2. Zylinderkalbleder 45
   3. Ölfestimprägnierung von Ledermanschetten 46

V. Literaturverzeichnis 47

Einleitung

Die Qualitätsanforderungen an technische Leder sind entsprechend den verschiedenartigen Einsatzzwecken stark unterschiedlich, ihnen allen ist aber gemeinsam, daß die an sie vom Verbraucher gestellten Anforderungen erheblich angestiegen sind und sich teils sogar völlig gewandelt haben, weil auch die technischen Vorgänge, bei denen sie eingesetzt werden, eine Änderung erfahren haben, sei es, daß die Maschinen und Aggregate schneller arbeiten und daher die Beanspruchung pro Zeiteinheit intensiver geworden ist, sei es, daß die Einwirkung von außen vielseitiger wurde, sei es, daß infolge Mehrschichtarbeit die Ruhepausen für die Erholung des Fasergefüges des Leders, die für die Leistungsfähigkeit bei Dauerbeanspruchung von erheblicher Bedeutung ist, geringer geworden sind. Damit mußte aber zwangsläufig die Lebensdauer auch bei bis dahin einwandfreien Lederqualitäten absinken, und es war daher erforderlich, die Eigenschaften der Leder den neuen bzw. gewandelten Anforderungen wieder anzupassen. Wir haben uns daher bei drei Typen von technischen Ledern – Treibriemenleder, Zylinderkalbleder und Manschettenleder – mit den heutigen Anforderungen und den sich daraus ergebenden Forderungen für die Herstellung eingehend befaßt. Dabei konnten moderne Technologien entwickelt werden, über die nachstehend berichtet werden soll.

I. Treibriemenleder für Hochleistungsantriebe

Bei der Kraftübertragung sind die früher üblichen langen und langsam laufenden Riementriebe mit relativ großen Achsabständen weitgehend verschwunden, und an ihre Stelle sind vorwiegend Kurzantriebe mit hoher Tourenzahl und kleinen Scheibendurchmessern, also hoher Biegefrequenz, getreten, bei denen an den Riemen bezüglich Elastizität und Biegefestigkeit gesteigerte Anforderungen gestellt werden. Man muß entsprechend von Ledern für Hochleistungsriemen verlangen, daß der Anteil an plastischer Dehnung bei guter elastischer Dehnung möglichst gering ist, daß sie einen möglichst geringen Biegewiderstand und eine hohe Biegewilligkeit aufweisen, denn je geringer der Biegewiderstand, desto geringer ist auch die Gefügezerrüttung des Materials, und daß sie eine gute Adhäsion besitzen, so daß sie sich auch ohne Einsatz von Adhäsionsmitteln dank der guten Biegeelastizität des Leders einwandfrei an die Scheibe ansaugen. Außerdem müssen die Klebstellen der Riemenbahnen hinsichtlich Biegeelastizität möglichst den gleichen Anforderungen wie das Leder selbst entsprechen, da bei schnellaufenden Riemen nur eine endlose Verklebung in Frage kommt und diese häufig der schwächste Teil des Riementriebs ist, wenn sie hinsichtlich Zugfestigkeit und Zerrüttungswiderstand nicht genügt oder infolge ungenügender Biegeelastizität keinen schlagfreien Lauf des Riemens gewährleistet.

1. Untersuchungen handelsüblicher Treibriemenleder

Zur Klärung der gestellten Fragen wurden zunächst umfangreiche vergleichende Untersuchungen handelsüblicher Riemenleder durchgeführt, die alle eine Stärke von 4 bis 5 mm aufwiesen, sich aber hinsichtlich der Art der Gerbung und der Fettung stark unterschieden [1]. Insgesamt wurden zehn pflanzlich gegerbte, eingebrannte gefettete Leder, sieben pflanzlich gegerbte, kalt- bzw. warmgefettete Leder und fünf Chromriemenleder untersucht. Die dabei erhaltenen Ergebnisse sind in Tab. 1 zusammengestellt. Wenn die Ergebnisse auch im Einzelfalle noch keine klaren Gesetzmäßigkeiten für die Herstellung erkennen lassen, da sich die Einflüsse unterschiedlicher Wasserwerkstattarbeiten, Gerbintensität und Fettung überlagern, so zeigen sie doch eine Reihe allgemeingültiger Regelmäßigkeiten auf, die als Ausgangspunkt für die weitere Untersuchung dienen konnten. Der Mineralstoffgehalt bzw. bei den Chromledern die Differenz zwischen Mineralstoffgehalt und Chromoxydgehalt lag unter 1%, der Gehalt an auswaschbaren Stoffen bei den meisten Ledern unter 5%. Erwartungsgemäß wiesen die eingebrannten Leder einen höheren Fettgehalt auf, und die extrahierbaren Fette waren härter und ergaben im Mittel einen höheren Steigschmelzpunkt und höhere Säurezahlen, was auf starke Mitverwendung von Stearin im Fettgemisch hindeutet, während die entsprechenden Daten für warm- und kaltgefettete Leder im Mittel niedriger lagen. Dabei dürfte für die Elastizität des Leders nicht so sehr die absolute Höhe des Fettgehaltes als vielmehr seine Härte und sein Schmelzpunkt von Bedeutung sein. Hinsichtlich Durchgerbungszahlen und pH-Wert des wäßrigen Auszugs sind die Unterschiede zwischen den beiden Gruppen relativ gering, doch sei auf die erheblichen Schwankungen hinsichtlich der Durchgerbungszahlen zwischen den einzelnen Fabrikaten hingewiesen, da zu hohe Gerbintensitäten bei der Gerbung mit pflanzlichen und synthetischen Gerbstoffen Elastizität und Festigkeitseigenschaften ungünstig beeinflussen, so daß bei selbstverständlich gleichmäßiger Durchgerbung niedrige Durchgerbungszahlen etwa zwischen 50 und 55 anzustreben sind. Entsprechend weisen auch die Chromleder infolge ihrer geringeren Gerbintensität höhere Festigkeitseigenschaften auf und haben meist eine Fettung mit hochschmelzenden Fetten erfahren, was bei dieser Lederart nicht unbedingt ein Einbrennen erforderlich macht, da bei Chromledern infolge deren höherer Hitzebeständigkeit in feuchtem Zustand auch bei der Fettung im Warmluftfaß höhere Temperaturen angewandt werden können. Unter den Chromledern macht nur ein Leder eine Ausnahme, das nur 2% Chromoxyd aufwies, und dessen Fett von flüssiger Beschaffenheit war, einen Schmelzpunkt von 35°C und eine Säurezahl von 75 aufwies. Bei allen Chromledern war der relativ niedrige pH-Wert zu beanstanden, da nach unseren früheren Untersuchungen auch bei Chromledern bei pH-Werten unter 3,5 mit Säureschädigungen zu rechnen ist und außerdem bei Berührung mit Metallen Korrosionen und bei Berührung mit Nähfaden Zerstörungen durch die Einwirkung größerer Mengen stark wirkender Säuren verursacht sein können [2].

Kalt- und warmgefettete Leder zeigen grundsätzlich höhere Zugfestigkeit und Stichausreißfestigkeit als eingebrannte Leder, da durch das Einbrennen das Fasergefüge stärker auseinandergezerrt und daher die pro Querschnittseinheit vorhandene Zahl der Fasern vermindert wird. In den RAL-Bedingungen 066 A 3 über Treibriemenleder und Ledertreibriemen wird für pflanzlich gegerbte Leder eine Zugfestigkeit von mindestens 250, für chromgare eine solche von mindestens 300 kp/cm² verlangt. Während die eingebrannten Leder meist Werte unter 300 kp/cm² ergaben, lag die Zugfestigkeit für die meisten warm- und kaltgefetteten Leder über 300, für die chromgegerbten Leder über 350. Wenn diese höhere Zugfestigkeit zuverlässig erreicht werden kann, ohne daß die geforderte hohe Biegeelastizität und geringe plastische Dehnung dadurch beein-

trächtigt wird, könnten Riemen aus warmgefettetem Leder um rund 20%, aus chromgegerbtem Leder um rd. 40% schwächer dimensioniert werden als solche aus eingebranntem Leder. Das würde die höheren Herstellungskosten der ersteren Lederart teilweise kompensieren, und zum anderen würde schon dadurch eine höhere Biegeelastizität erreicht, da dünne Leder naturgemäß elastischer sind als solche von größerer Dicke.
Zum anderen zeigen aber warm- und kaltgefettete Leder und chromgare Leder auch bei gleicher Stärke grundsätzlich einen geringeren Biegewiderstand, also höhere Geschmeidigkeit als eingebrannte Leder. Die benötigte Kraft liegt bei warm- und kaltgefetteten und chromgaren Ledern um rd. 40% niedriger als bei eingebranntem Leder. Bei wiederholtem Biegen werden zwar niedrigere Werte erhalten, aber die Unterschiede zwischen den verschiedenen Ledergruppen bleiben in gleicher Größenordnung bestehen. Die benötigte Biegekraft ist beim Biegen mit den Narben nach innen größer als beim Biegen mit der Fleischseite nach innen, da die Narbenschicht infolge ihrer viel engmaschigeren Faserverflechtungen der stauchenden Wirkung beim Biegen mit den Narben nach innen einen größeren Widerstand entgegensetzt. Es wird häufig empfohlen, Treibriemen mit der Narbenseite auf der Riemenscheibe laufen zu lassen. Ob dadurch die Adhäsion wirklich verbessert wird, ist nicht bewiesen und wird z. T. bestritten, die vorliegenden Zahlen zeigen aber, daß dadurch die Biegeelastizität keineswegs eine Verbesserung, sondern eine Verschlechterung erfährt.
Schließlich interessieren die Unterschiede hinsichtlich der Dehnbarkeit der verschiedenen Ledergruppen, wobei der Bruchdehnung eine geringere Bedeutung zukommt als der Dehnung bei geringerer Belastung und insbesondere der bleibenden Dehnung nach Entspannung. Die RAL-Bedingungen 066 A 3 sehen eine Zugelastizitätsprüfung vor, bei der Streifen der Leder nach einem festgelegten Zeitplan stufenweise be- und entlastet werden, diese Prüfung bis zu einer Spannung von 50 kp/cm^2 fortgesetzt wird, und dann wieder eine Entlastung auf die Grundspannung von 10 kp/cm^2 erfolgt. Dabei soll der Anteil der bleibenden Dehnung an der Gesamtdehnung nicht über 40% liegen. Wir halten eine solche Festlegung für falsch, denn warum soll bei einem Leder, das von Haus aus eine größere Gesamtdehnbarkeit besitzt, auch eine höhere bleibende Dehnung tolerierbar sein, wenn diese doch grundsätzlich für einen Riemenantrieb unerwünscht ist? Wir glauben, daß nicht so sehr das Verhältnis der bleibenden Dehnung zur Gesamtdehnung für die Bewertung maßgebend ist, als vielmehr die absolute bleibende Dehnung. Die Werte in Tab. 1 zeigen, daß grundsätzlich warm- und kaltgefettete Leder eine höhere Dehnung bei geringer Belastung als eingebrannte Leder und chromgare Leder zeigen, und daß vor allem bei ihnen auch eine höhere bleibende Dehnung auftritt. Das ist ohne Zweifel ein Nachteil dieser Gruppe, für den die Art der Fettung verantwortlich ist, da weichere Fette mit geringerem Schmelzpunkt zwar die Biegeelastizität günstig beeinflussen, andererseits aber die Gesamtdehnbarkeit und bleibende Dehnung steigern. Wurden die Leder dagegen 10% naß gestreckt und unter Spannung wieder getrocknet, so lagen Gesamtdehnung und Restdehnung nach Entlastung erheblich niedriger, und die Unterschiede zwischen den verschiedenen Gruppen waren weitgehend verschwunden. Man kann also bei der Herstellung von Hochleistungsriemen aus warm- und kaltgefettetem Leder auf ein Naßstrecken nicht verzichten, und die bleibende Dehnung nach vorheriger stufenweiser Belastung auf 50 kp/cm^2 und Entlastung auf 10 kp/cm^2 sollte dann nicht über 2,5% der ursprünglichen Länge liegen.
Die bei der laboratoriumsmäßigen Untersuchung festgestellten Unterschiede zwischen den verschiedenen Riemengruppen wurden durch praktische Versuche erhärtet, bei denen aus den verschiedenen Ledern hergestellte Riemen auf den Durchbiegeprüfständen der Bundesanstalt für Materialprüfung Berlin-Dahlem nach dem Wöhler-Verfahren auf ihr Verhalten im Dauerbiegeversuch beim Lauf über zwei Scheiben ohne Übertragung

Tab. 1 Ergebnisse der Untersuchung handelsüblicher Treibriemenleder
(Mittelwerte und Schwankungen, Wassergehalt 14%)

		pflanzlich gegerbt		chromgegerbt
		eingebrannt	kalt- und warmgefettet	
% Fett		18,9 (12–26)	7,3 (5–12)	9,9 (2–15)
Beschaffenheit des Fettes		hart	flüssig, salbenartig bis talgfest	meist hart
Steigschmelzpunkt		50 (41–55)	32 (22–39)	46 (35–52)
Säurezahl		137 (20–193)	30 (10–44)	102 (75–159)
% Mineralstoffe		0,3 (0,1–0,6)	0,4 (0,2–0,6)	4,8 (4,1–6,4)
% Gesamtauswaschverlust		4,5 (2,8–6,1)	4,6 (2,8–6,6)	Cr_2O_3 4,1
Durchgerbungszahl		67 (52–83)	62 (46–77)	(3,4–5,1)
pH-Wert		3,6 (3,2–4,1)	4,0 (3,6–4,4)	3,0 (2,8–3,3)
Zugfestigkeit (kp/cm²)		283 (232–328)	332 (294–374)	374 (346–399)
Stichausreißfestigkeit (kp/cm)		117 (92–149)	167 (143–195)	157 (139–178)
% Bruchdehnung		45 (38–51)	49 (43–61)	62 (45–77)
ursprünglich	% Dehnung bei 50 kp/cm² Belastung	4,5 (3,1–5,4)	7,3 (4,3–10,6)	4,1 (2,0–6,1)
	% Restdehnung nach Entlastung auf 10 kp/cm²	3,1 (1,9–4,4)	5,4 (3,9–8,0)	2,4 (1,1–3,6)
nach Naßstrecken	% Dehnung bei 50 kp/cm² Belastung	3,0 (2,1–3,8)	3,1 (2,7–4,1)	3,7 (2,0–5,3)
	% Restdehnung nach Entlastung auf 10 kp/cm²	2,0 (1,3–2,8)	2,2 (1,7–2,6)	2,2 (1,0–3,4)
Narben nach außen	1. Biegung 90° kp	4,6 (2,9–6,8)	2,5 (1,3–3,0)	2,7 (1,9–3,9)
	20. Biegung 90° kp	3,3 (2,0–5,0)	1,9 (0,9–2,5)	2,3 (1,4–3,4)
Fleischseite nach außen	1. Biegung 90° kp	5,3 (3,7–9,0)	3,1 (2,1–3,9)	3,1 (2,1–4,2)
	20. Biegung 90° kp	4,2 (3,0–6,7)	2,5 (1,6–3,0)	2,5 (1,6–3,6)

von Nutzleistung geprüft wurden [3]. Die Prüfung erfolgte unter stets konstanten Bedingungen bei einem Durchmesser beider Scheiben von 100 mm, einer Riemengeschwindigkeit von 21 m/Sekunde, einer Drehzahl von 4000 U/Minute und damit einer Biegefrequenz von ca. 60 Biegungen/Sekunde, wobei diese Bedingungen den Verhältnissen moderner Kurztriebe entsprachen. Da es uns darauf ankam, das unterschiedliche Verhalten der Leder zu erfassen, wurde bei den Prüfungen eine Verstärkung der Klebstellen vorgenommen, um zu erreichen, daß nicht vorwiegend die Klebestelle als prädestinierter Ort des Bruches in Erscheinung trat und dadurch der Vergleich der verschiedenen Leder erschwert wurde. Bei der Aufnahme der Wöhler-Kurven wird davon ausgegangen, daß die Lebensdauer einer wiederholt beanspruchten Probe um so mehr zunimmt, je geringer die Prüfbeanspruchung ist. Entsprechend wird bei verschiedenen Prüfspannungen zwischen 17 und 70 kp/cm² die Zahl der Lastspiele bis zum Bruch aufgenommen, und in Kurven werden die verschiedenen Beanspruchungen und die zugehörigen Lastspielzahlen eingetragen, wobei die Kurve bei halblogarithmischer Darstellung geradlinig verläuft. Meist wird infolge unvermeidlicher Streuungen statt der Linie ein Band erhalten, dessen untere Grenze maßgebend für die Dauerbiegefestigkeit ist. Die bei diesen Versuchen erhaltenen Ergebnisse ergaben im Einzelfall gewisse Streuungen und ließen daher keine exakten Vergleiche von Leder zu Leder zu, gestatteten aber durchaus eine Schätzung der gegenseitigen Lage der Festigkeitswerte und ließen eindeutig erkennen, daß warm- und kaltgefettete Leder die beste Eignung für schnellaufende moderne Kurzriementriebe haben.

Alle diese Feststellungen zeigen, daß die Entwicklung von Hochleistungsriemen für schnellaufende Kurztriebe nur nach der Richtung kalt- und warmgefetteter Leder gehen kann, und daß unsere Prüfverfahren zuverlässige Schlußfolgerungen auch im Hinblick auf die praktische Beanspruchung gestatten, wobei die Zugfestigkeit allein noch kein Maß für den Zerrüttungswiderstand beim Laufen darstellt, sondern mit Sicherheit auch eine gute Biegewilligkeit hinzukommen muß. Alle weiteren Untersuchungen liefen daher nach der Richtung der Feststellung optimaler Bedingungen für die Herstellung pflanzlich gegerbter warmgefetteter Leder. Als Ziel wurde eine Zugfestigkeit von mindestens 300 kp/cm², eine Stichausreißfestigkeit von mindestens 150 kp/cm, beim Biegen auf 90° mit dem Narben nach außen eine Biegebelastung bei der ersten Biegung nicht über 3 kp, bei der 20. Biegung nicht über 2,5 kp und im naßgestreckten Zustand eine bleibende Dehnung nach vorheriger stufenweiser Belastung auf 50 kp/cm² und Entlastung auf 10 kp/cm² von höchstens 2,5% der ursprünglichen Länge angestrebt.

2. Äscheraufschluß für Treibriemenleder

Da Art und Intensität des Äscheraufschluß einen erheblichen Einfluß auf die Eigenschaften des fertigen Leders ausüben, wurden zwei verschiedene Serien von Äscherversuchen durchgeführt, wobei jeweils vier halbe Kernstücke verwendet wurden. Die Herstellung der Leder erfolgte nach einer einheitlichen Technologie, nur der Äscherprozeß wurde nach folgenden Rezepturen variiert:

Serie I (Grubenäscher)

Äscher 1: Narbenschwöde mit 700 g Schwefelnatrium konz., 700 g Kalkhydrat und 900 g Kaolin auf 6 l Wasser. Nach 3 Stunden waren die Haare restlos zerstört, die Häute wurde enthaart und erhielten einen Weißkalkhängeäscher von 1 Tag mit 5 kg Kalkhydrat/m³, wobei zweimal täglich aufgeschlagen wurde.

Äscher 2: Die Häute erhielten einen angeschärften Grubenäscher über 3 Tage mit 5 kg Kalkhydrat und 1 kg Schwefelnatrium konz./m³. Die Häute wurden täglich zweimal aufgeschlagen, Haarlockerung war am ersten Tag fast, nach dem zweiten Tag restlos erreicht.

Äscher 3: Die Häute erhielten zunächst den gleichen angeschärften Grubenäscher wie bei Versuch 2, anschließend noch einen dreitägigen Weißkalkäscher, um den Einfluß eines möglichst intensiven Äscheraufschlusses zu erfassen.

Serie II (Faßäscher)

Äscher 1: Der Faßäscher wurde unter Verwendung von 300% Wasser von 30°C mit 2,5% Schwefelnatrium konz., 1,5% Natriumsulfhydrat flüssig (30%ig) und 3% Kalkhydrat durchgeführt. Dabei wurden zunächst Natriumsulfhydrat und die halbe Kalkmenge vorgegeben, nach 1 Stunde wurden die restliche Kalkmenge und Schwefelnatrium nachgesetzt. Gesamtdauer 24 Stunden.

Äscher 2: Durchführung des Faßäschers als Faßschwöde [4]. Die Zusammensetzung war die gleiche wie bei Äscher 1, doch wurde die Wassermenge zunächst auf 20% beschränkt. Zunächst wurde Natriumsulfhydrat zugegeben, ¼ Stunde laufen, ¼ Stunde stehengelassen, dann wurden Kalk und Schwefelnatrium zugesetzt und auch hier regelmäßig abwechselnd ¼ Stunde Lauf- und Ruhezeit angeschlossen. Nach 2½ Stunden wurden die restlichen 280% Wasser zugegeben. Äscherdauer 17 Stunden.

Äscher 3: Durchführung ebenfalls als Faßschwöde wie bei Äscher 2, doch wurde die Schwefelnatriummenge auf 1,5% herabgesetzt, die Menge an Natriumsulfhydrat flüssig (30%ig) auf 2,5% gesteigert.

Die Ergebnisse der Untersuchungen bei den Äscherversuchen in Tab. 2 zeigen hinsichtlich der chemischen Daten keine grundsätzlichen Unterschiede, da diese Werte in erster Linie durch Gerbung und Fettung bestimmt werden. Dagegen sind bei den physikalischen Eigenschaften erhebliche Unterschiede festzustellen. Der geringste Äscheraufschluß wurde beim Äscher I,1 erhalten, was sich in besonders hohen Festigkeitswerten und geringer Dehnung bei niedrigerer Belastung bzw. geringer Restdehnung, andererseits sich aber auch in einem schlechten Biegeverhalten auswirkt, weil das Fasergefüge nicht genügend aufgelockert wurde. Der Äscheraufschluß beim Äscher I,1 ist demgemäß zu gering, beim Äscher I,3 ist er dagegen erwartungsgemäß wesentlich zu hoch, was sich natürlich in günstigen Biegungswerten auswirkt, während andererseits die Festigkeitseigenschaften eine unerwünscht starke Abnahme erfahren haben. Für einen Grubenäscher kommen nur Äscherverfahren etwa vom Typ des Äschers I,2 in Frage, bei dem die Leder hinsichtlich aller Eigenschaften den gestellten Anforderungen genügen. Wir beurteilen die Faßäscher grundsätzlich als günstiger, da sie höhere Festigkeitseigenschaften erbrachten und doch andererseits sowohl die Forderungen hinsichtlich Restdehnung nach Naßstrecken als auch hinsichtlich Biegeverhalten voll erfüllt werden. Dabei sind im Biegeverhalten gewisse graduelle Unterschiede festzustellen, indem die Äscher II,2 und II,3 mit vorgeschalteter Faßschwöde naturgemäß ein günstigeres Biegeverhalten des Leders bewirken, da die Äscherchemikalien tiefer in das Innere der Haut eindringen, und damit eine bessere Durchäscherung erreicht wird [4]. Wir geben daher den Faßäschern grundsätzlich einen Vorzug vor den Grubenäschern und halten hier wieder die Äschersysteme II,2 und II,3 mit vorgeschalteter Faßschwöde für besonders günstig.

3. Pflanzliche Gerbung für Treibriemenleder

Vielfach wird behauptet, man könne Riemenleder von sachgemäßer Beschaffenheit nur in langen Gerbzeiten über 3–4 Monate reiner Gerbdauer herstellen. Unsere systematischen Untersuchungen über Schnellgerbungen bei Unterleder und die dabei erlangten

Tab. 2 Verschiedene Äscherversuche

		Sereie I			Serie II		
		1	2	3	1	2	3
% Fett		10,6	10,1	10,7	10,4	10,2	10,2
Steigschmelzpunkt		37	38	37	38	39	38
Säurezahl		21	22	21	21	22	21
% Mineralstoffe		0,4	0,5	0,4	0,4	0,5	0,5
% Gesamtauswaschverlust		4,6	4,9	4,8	4,7	4,8	4,8
Durchgerbungszahl		55	55	53	54	54	54
pH-Wert		4,3	4,2	4,3	4,1	4,2	4,2
Zugfestigkeit (kp/cm²)		345	326	289	357	363	352
Stichausreißfestigkeit (kp/cm)		169	159	126	161	157	162
% Bruchdehnung		40	42	49	42	40	41
ursprünglich	% Dehnung bei 50 kp/cm² Belastung	5,2	6,3	7,9	6,3	6,9	6,9
	% Restdehnung nach Entlastung auf 10 kp/cm²	4,4	4,8	5,9	4,7	5,2	5,4
nach Naßstrecken	% Dehnung bei 50 kp/cm² Belastung	2,9	3,1	3,4	3,1	3,2	3,0
	% Restdehnung nach Entlastung auf 10 kp/cm²	1,6	1,9	2,3	1,9	2,0	1,9
Narben nach außen	1. Biegung 90° kp	3,5	3,1	2,2	3,1	2,8	2,7
	20. Biegung 90° kp	2,6	2,2	1,2	2,2	1,8	1,9

Erkenntnisse über die bei der Gerbbeschleunigung zu berücksichtigenden Gesetzmäßigkeiten [5] ermutigten uns aber, entsprechende Untersuchungen auch auf die Herstellung von Treibriemenleder zu übertragen. Wir haben daher vier verschiedene Gerbungen vergleichend geprüft, wobei das Hautmaterial nach dem Äscherverfahren II,2 des vorhergehenden Abschnittes geäschert wurde, dann eine gute Durchentkälkung erfuhr und nach folgenden Verfahren gearbeitet wurde:

Gerbung 1: Ruhende Gerbung im Rahmen der Unterledergerbung unserer Lehrgerberei, wobei nach Vorgerbung mit Tanigan CH nur der verlängerte Farbengang mit zehn Gruben ohne anschließende Faßausgerbung angewandt wurde. Gesamtgerbdauer 6 Wochen. Angewandte Gerbmischung bestehend aus je ⅓ Mimosaextrakt, Quebrachoextrakt und Kastanienholzextrak und Zusatz von 20% eines schlammlösenden flexibel gerbenden Austauschgerbstoffes, alle Mengenangaben auf Reingerbstoff bezogen.

Gerbung 2: In Haspelgeschirr und Faß. Die Kernstücke erhielten nach Vorgerbung über Nacht mit 3,5% Tanigan P eine 2-Tages-Angerbung im Haspelgeschirr bei 3,5° Bé, pH 5 und 30°C und anschließend eine Faßausgerbung von 16 Tagen im Faß bei 5° Bé, pH 4,2 und 30°C. Die reine Gerbdauer betrug also insgesamt 18 Tage, die Gerbstoffmischung bestand aus 2 Teilen Quebrachoextrakt, 2 Teilen Mimosaextrakt und 1 Teil Tanigan NR.

Gerbung 3 : Reine Farbengerbung von 12 Tagen Dauer unter Verwendung von Mimosaextrakt. Die Kernstücke erhielten zunächst eine Vorgerbung mit 120% Wasser von 22°C und 2% Coriagen V, das bei 55–60°C 1 : 10 gelöst wurde. Zum Ansäuern wurde 1,15% Schwefelsäure konz. (1 : 10) verwendet und davon ein Drittel sofort, ein Drittel nach ¼ Stunde und der Rest nach ½ Stunde zugegeben. Gesamtlaufdauer 4 Stunden. End-pH-Wert der Flotte 3,5–3,6. Die Blößen blieben über Nacht in der Flotte, wurden am nächsten Morgen noch 30 Minuten bewegt und dann in die Hauptgerbung gebracht, die mit einem Gerbstoffangebot von 26% Reingerbstoff vom Blößengewicht durchgeführt wurde. Sie erfolgte in vier Farben, gegenüber Unterleder jedoch ohne Hotpit-Ausgerbung. Die Einstellung von Konzentration, Temperatur und pH-Wert, die sorgfältig überwacht und notfalls korrigiert wurde, ist aus Tab. 3 ersichtlich. Die Zugabe des Frischextraktes erfolgte ausschließlich zu Farbe 4, nach jedem Durchgang wurde ein Drittel der schlechtesten Farbe kanalisiert und die anderen Brühen wurden entsprechend nachgezogen. Die Kernstücke waren nach 12 Tagen einwandfrei durchgegerbt.

Tab. 3 Angaben über die 4-Farben-Gerbung

	1. Farbe	2. Farbe	3. Farbe	4. Farbe
Temperatur °C	23	23	26	26
pH-Wert	5,0	4,8	4,5	4,2
Dauer – Tage	3	3	3	3
°Bé	2,2/2,4	3,0/3,5	4,7/5,1	6,7/7,1
g Gerbstoff/l	18/10	41/34	66/58	97/90
Anteilzahl	48/37	66/56	72/68	79/75

Gerbung 4 : Die Durchführung erfolgte in gleicher Weise wie bei Gerbung 3, nur wurde an Stelle des unbehandelten Mimosaextrakts ein Mimosaextrakt genommen, den wir nach englischen Rezepturen mit 1% Bisulfit behandelt hatten, um damit seine Adstringenz noch etwas zu vermindern, seine Gerbgeschwindigkeit noch zu beschleunigen und außerdem die Farbe günstig zu beeinflussen. Der Ablauf erfolgte in gleicher Weise, die Leder waren nach der Gerbung und nach dem Auftrocknen etwas weicher und flexibler als die Leder nach Gerbung 3, nach der Fettung verloren sich diese Unterschiede allerdings weitgehend.

Alle Leder wurden nach der Gerbung gründlich ausgewaschen, abgewelkt, gestoßen (Trommelstoßmaschine), auf Fleisch- und Narbenseite abgeölt, abgelüftet und dann im Warmluftfaß mit 8% auf Abwelkgewicht einer Mischung aus gleichen Teilen von Tran und Talg gefettet. Dauer ³/₄ Stunde.

Die Ergebnisse der Untersuchung der bei diesen Versuchen erhaltenen Leder sind in Tab. 4 zusammengestellt. In der chemischen Zusammensetzung ergeben sich keinerlei grundsätzliche Unterschiede, alle Leder haben keine zu intensive Ausgerbung erfahren, die Durchgerbungszahlen liegen etwa im gewünschten Bereich von 50 bis 55. Hinsichtlich der physikalischen Eigenschaften unterscheiden sich die Leder der Gerbung 2 in einer Reihe von Punkten grundsätzlich von denen der übrigen Leder, da infolge der Walkwirkung zwar ihre Flexibilität größer ist, andererseits aber die Zugfestigkeit, Stichausreißfestigkeit und Dehnbarkeit doch erheblich ungünstiger als bei den drei übrigen Gerbungen liegen. Das bestätigt frühere Feststellungen, und wir haben daher auch keine reine Faßgerbung in den Kreis unserer Untersuchungen mit einbezogen, da unsere früheren Untersuchungen [5, 6] immer wieder gezeigt haben, daß die Faßbewegung, insbesondere in den Anfangsstadien der Gerbung, stets mit einer Verminderung der Festigkeitseigenschaften erkauft werden muß. Für Riemenleder, wo es auf möglichst hohe Festigkeitseigenschaften ankommt, kommt der Gerbung im ruhenden Zustand ein grundsätzlicher Vorteil zu.

Tab. 4 Verschiedene Gerbungen

		1 ruhende Gerbung, 6 Wochen	2 Haspel-Faßgerbung	3 ruhende Schnellgerbung unbehandelter Mimosaextrakt	bisulfitierter Mimosaextrakt
% Fett		9,9	10,0	9,5	9,4
Steigschmelzpunkt		38	39	39	39
Säurezahl		19	18	18	18
% Mineralstoffe		0,4	0,3	0,4	0,4
% Gesamtauswaschverlust		4,2	4,8	4,5	4,9
Durchgerbungszahl		56	52	56	55
pH-Wert		4,3	4,2	3,8	3,7
Zugfestigkeit (kp/cm^2)		353	313	367	381
Stichausreißfestigkeit (kp/cm)		161	121	163	173
% Bruchdehnung		42	50	39	40
ursprünglich	% Dehnung bei 50 kp/cm^2 Belastung	6,7	7,6	6,5	6,9
	% Restdehnung nach Entlastung auf 10 kp/cm^2	4,9	6,0	4,6	4,8
nach Naßstrecken	% Dehnung bei 50 kp/cm^2 Belastung	3,1	3,4	3,1	3,0
	% Restdehnung nach Entlastung auf 10 kp/cm^2	2,1	2,3	2,1	2,0
Narben nach außen	1. Biegung 90° kp	3,2	2,4	3,2	3,0
	20. Biegung 90° kp	2,4	1,4	2,3	2,4

Zwischen den drei ruhenden Gerbungen bestehen dagegen hinsichtlich der physikalischen Eigenschaften keine nennenswerten Unterschiede, vorhandene Schwankungen liegen im Rahmen der normalerweise strukturbedingten Differenzen und alle Leder entsprechen den früher dargelegten Anforderungen. Die Auffassung, daß eine lang andauernde Gerbung für Riemenleder benötigt würde, hat sich demgemäß nicht bestätigt. Man kann auch bei einer Gerbdauer von 12 Tagen (die eventuell nach der Höhe der Durchgerbungszahlen noch um 1–2 Tage vermindert werden kann) qualitätsmäßig einwandfreie Treibriemenleder herstellen, wenn die Gerbung ruhend durchgeführt wird und alle für die Gerbbeschleunigungen erarbeiteten Gesetzmäßigkeiten richtig berücksichtigt werden. Wir geben daher für Riemenledergerbungen den Gerbungen 3 und 4 den Vorzug, da sie bei kurzen Gerbspannen von 10 bis 12 Tagen einwandfreie Riemenleder zu erhalten gestatten und gut übersichtliche, leicht überwachbare Gerbverfahren darstellen. Solche Verfahren können auch mit vollautomatischer Steuerung versehen werden, und unsere Untersuchungen über die vollautomatisierte Überwachung von Grubengerbungen können sinngemäß auch auf diese Lederart angewandt werden [7].

Nachdem bei Riemenleder besonders hohe Festigkeitseigenschaften angestrebt werden, lag nahe, frühere Vorschläge über die Gerbung unter Spannung wieder aufzunehmen, durch Spannung die Fasern bevorzugt in die Spannungsrichtung zu zwingen und so festzugerben, wodurch die Festigkeitseigenschaften in dieser Richtung eine Steigerung erfahren würden. Das ist in älteren Patenten wiederholt dargelegt worden und SELIGSBERGER, MANN und CLAYTON [8] haben erneut über die Verbesserung der Festigkeit durch Gerbung unter Spannung berichtet. Wir haben zunächst bei Kleinversuchen nach dieser Richtung hin festgestellt, daß in Übereinstimmung mit diesen Mitteilungen die Zugfestigkeit bei Gerbung unter Spannung um rund 70% gesteigert werden konnte, wobei eine Dickenabnahme der Leder um 15% erfolgte und gleichzeitig die bleibende Dehnung nur noch 0,7% betrug. Darin wäre ein großer Vorteil zu erblicken, da dann unter Spannung gegerbte Leder von 3 mm Stärke die gleiche Kraftübertragung wie sonst Leder von 5 mm bewirken könnten und damit schon von der Dicke her die Biegeelastizität wesentlich gesteigert würde. Auch würde bei der geringen plastischen Dehnung das nachträgliche Naßstrecken entfallen. Wir haben daher entsprechende Großversuche unter Verwendung des Äscherverfahrens II,2 und der Gerbung 3 durchgeführt, wobei die Gerbungen ohne Spannung und mit 5 bzw. 10% Spannung vorgenommen wurden. Dabei haben sich unsere Erwartungen indessen nicht bestätigt. Zwar lagen nach der Gerbung die Festigkeitseigenschaften der unter Spannung gegerbten Hälften wieder wesentlich höher als bei den Ledern, die ohne Spannung gegerbt wurden, an den Fertigledern waren dagegen die Unterschiede wesentlich geringer. Wir sehen die Ursache für die Unterschiede gegenüber dem Ergebnis der Kleinversuche darin, daß die Fettung bei den Kleinversuchen im Kaltschmierverfahren von Hand, bei den Großversuchen im Warmluftfaß unter gleichzeitiger Walkwirkung erfolgte. Wenn aber durch einfaches Walken die hohen Festigkeitseigenschaften durch die bei der Gerbung erreichte weitgehende Parallelorientierung des Fasergefüges größtenteils wieder verlorengehen, die Festgerbung des Fasergefüges im gestreckten Zustand also nicht irreversibel ist, dann besteht keine Notwendigkeit, unter Spannung zu gerben, da derselbe Effekt dann auch durch ein nachfolgendes Naßstrecken mit erheblich geringerem Kostenaufwand erreicht werden kann.

4. Fettung für Treibriemenleder

Um den Einfluß unterschiedlicher Fettung auf die Eigenschaften von Riemenleder zu prüfen, wurde eine größere Anzahl von Treibriemenledern unter Verwendung des Äscherverfahrens II,2 und der Gerbung 3 hergestellt, nach der Gerbung ½ Stunde bei 20–25°C ausgewaschen, abgewelkt, ausgestoßen und das Abwelkgewicht bestimmt. Dann wurden Fettungen im Warmluftfaß mit sechs verschiedenen Fettmischungen je in zwei Mengen von 7 und 10% effektiv auf Abwelkgewicht durchgeführt und für jede Fettung vier halbe Kernstücke verwendet. Die Fettmischungen, die aus Tab. 5 ersichtlich sind, wurden auf die Fleischseite der Kernstücke unter Schonung der Hals- und Seitenteile aufgetragen, dann wurden die Leder eingerollt und das Einwalken im Warmluftfaß bei 45°C mit einer Walkdauer von ¾ Stunde bei 7% Fett bzw. von 1 Stunde bei 10% Fett durchgeführt. Dann wurden die Leder warm vorgestoßen (Trommelstoßmaschine), etwa 4 Stunden abgelüftet, von Narben- und Fleischseite einer Bürstbleiche unterzogen, von der Narbenseite von Hand nachgestoßen, mit Tran abgeölt, hängend getrocknet und leicht gewalzt.

Die Ergebnisse der Untersuchungen der erhaltenen Leder sind in Tab. 5 zusammengestellt und gleichzeitig auch die Befunde von Leder der gleichen Gerbart angeführt, die wir in einer Lederfabrik dem betriebsüblichen Verfahren des Einbrennens unterziehen ließen. Die Fettgehalte der Leder liegen bei Anwendung von 7% Fett etwa im Bericht zwischen 6,6 und 7,3%, bei Anwendung von 10% der Fettmischungen zwischen 9,5 und 10,1%, bewegen sich also in den Grenzen, die in den RAL-Bedingungen 066 A 3 für warm gefettete Leder vorgesehen sind (7–14%). Daß das eingebrannte Leder einen wesentlich höheren Fettgehalt hat, ist verständlich. Mit fortschreitender Reihe nimmt der Steigschmelzpunkt zu, doch sind die Unterschiede bei den ersten fünf Mischungen verhältnismäßig gering. Erst bei Mitverwendung von Stearin bei der Fettmischung 6 steigert er sich etwas mehr und liegt am höchsten bei dem aus dem eingebrannten Leder extrahierten Fett, wobei die höhere Säurezahl in diesem Falle zeigt, daß beträchtliche Anteile Stearin mitverwendet wurden. Hinsichtlich der physikalischen Eigenschaften entspricht das eingebrannte Leder erwartungsgemäß nicht den früher gestellten Anforderungen. Zugfestigkeit und Stichausreißfestigkeit liegen wesentlich niedriger als bei den warm gefetteten Ledern, andererseits ist die Biegeelastizität wesentlich ungünstiger, so daß Leder dieser Art für Hochleistungstreibriemen nicht in Frage kommen können. Die warm gefetteten Leder entsprechen dagegen sämtlich unabhängig von der Art der Fette und der Fettmenge hinsichtlich Zugfestigkeit und Stichausreißfestigkeit den zu stellenden Anforderungen. Nach dem Naßstreckprozeß liegt in allen Fällen die bleibende Dehnung unter 2,5% und auch die Biegebelastung liegt bei der ersten Biegung unter 3 kp bzw. nach 20 Biegungen unter 2,5 kp. Demgemäß werden alle Leder den an Hochleistungsriemen zu stellenden Anforderungen entsprechend gerecht, wobei die Biegeelastizität allerdings mit fortschreitender Reihe langsam ansteigt, also die beste Biegeelastizität bei den weicheren Mischungen 1–3 erhalten wurde. Da der Zerrüttungswiderstand eines Leders, außer von den Festigkeitseigenschaften auch von der Biegeelastizität abhängt, sollte bei Warmfettung möglichst weichen Mischungen der Vorzug gegeben werden. Dabei reichen Fettmengen bis zu maximal 12% im Fertigleder aus, um den gewünschten Effekt zu erreichen.

5. Untersuchungen zur Frage der Verklebung

Bei der Herstellung von Ledertreibriemen spielt die Art der Verklebung eine entscheidende Rolle. Noch so gute Festigkeitseigenschaften und Biegeelastizität des Leders nützen nichts, wenn nicht auch die Klebestellen die gleichen Anforderungen erfüllen. Weitere Untersuchungen mußten sich daher mit der Verklebung befassen, wobei zu fordern war, daß die Klebestellen möglichst die gleichen Festigkeitseigenschaften wie das Leder haben sollten, und daß die Verklebung genügend alterungsbeständig und gegen Nässe- und Wärmeeinwirkung genügend widerstandsfähig sein muß. Außerdem darf die Elastizität der Klebestellen möglichst nicht geringer sein als die des Leders, was insbesondere für Hochleistungsriemen mit hoher Geschwindigkeit und geringem Achsabstand eine besonders wichtige Rolle spielt. Entsprechend scheiden Verklebungen auf Basis tierischer Leime mit oder ohne Zusatz von Hausenblase aus, da sie nicht wasserbeständig sind und stets zu einer Verhärtung der Klebestellen führen. Aus dem gleichen Grunde können Klebstoffe auf Basis von Nitrocellulose nicht in Betracht zu ziehen sein, da auch diese Klebestellen stets Verhärtungen zeigen. Zwar kann man durch Zusatz von Weichmachungsmitteln die Elastizität der verklebenden Filme steigern, doch nimmt damit gleichzeitig die Festigkeit der Verklebung ab. Ent-

Tab. 5 *Verschiedene Fettungen*

	1 25 T Wollfett 25 T Tran 50 T Talg		2 50 T Tran 50 T Talg		3 20 T Tran 80 T Talg		4 20 T Tran 40 T Talg 40 T Paraffin		5 50 T Talg 50 T Paraffin		6 40 T Talg 40 T Paraffin 20 T Stearin		eingebrannt
	7%	10%	7%	10%	7%	10%	7%	10%	7%	10%	7%	10%	
% Fett	6,6	9,7	7,2	9,7	7,3	10,1	7,1	9,5	6,7	9,7	7,2	9,9	18,2
Steigschmelzpunkt	41	41	38	39	44	43	45	44	44	44	47	47	50
Säurezahl	19	18	22	23	22	24	22	23	26	25	41	41	125
% Mineralstoffe	0,5	0,4	0,5	0,4	0,5	0,4	0,4	0,5	0,5	0,5	0,5	0,5	0,4
% Gesamtauswaschverlust	3,1	3,0	3,2	3,4	3,3	3,5	3,1	3,0	3,6	3,4	3,4	3,2	3,3
Durchgerbungszahl	53	54	48	54	49	49	51	51	52	52	54	49	55
pH-Wert	4,2	4,3	4,4	4,2	4,4	4,3	4,3	4,4	4,3	4,1	4,4	4,1	4,2
Zugfestigkeit (kp/cm²)	351	344	356	351	346	348	337	339	339	344	330	342	308
Stichausreißfestigkeit (kp/cm)	185	180	194	185	172	174	181	185	177	179	188	190	136
% Bruchdehnung	40	40	41	41	40	39	38	37	38	39	36	37	42

Tab. 5 (Fortsetzung)

		1	2	3	4	5	6	7	8	9	10	11	12	13
ursprünglich	% Dehnung bei 50 kp/cm² Belastung	7,9	8,1	7,9	7,7	7,8	7,9	7,6	7,7	7,4	7,6	7,3	7,2	4,8
	% Restdehnung nach Entlastung auf 10 kp/cm²	5,9	5,8	6,0	5,8	5,8	5,6	5,7	5,6	5,4	5,2	5,0	5,1	3,4
nach Naßstrecken	% Dehnung bei 50 kp/cm² Belastung	3,2	3,1	2,8	3,1	3,2	2,9	3,1	3,0	3,2	2,9	2,9	3,1	2,8
	% Restdehnung nach Entlastung auf 10 kp/cm²	2,0	1,9	2,1	2,0	1,8	1,9	2,0	1,8	1,9	1,8	1,7	1,8	1,8
Narben nach außen	1. Biegung 90° kp	2,0	2,1	2,1	2,0	2,0	2,2	2,3	2,2	2,6	2,4	2,7	2,9	4,3
	20. Biegung 90° kp	1,6	1,5	1,6	1,5	1,6	1,6	1,7	1,8	1,9	1,8	2,1	2,0	3,1

sprechend kommen nur Verklebungen mit solchen Klebstoffen in Betracht, die mit innerer Weichmachung aufgebaut sind, und wir haben vergleichende Klebversuche mit 30 verschiedenen Klebstoffen durchgeführt, die auf Chloropren-, Polyurethan- und Polyesterbasis aufgebaut waren [9].

Wir hielten die Klebstoffe dann für zweckmäßig, wenn die Klebestellen möglichst die gleiche Mindestzugfestigkeit ergaben, die wir auch bei Leder für Hochleistungsriemen fordern, also eine Zugfestigkeit von 300 kg/cm². Ebenso sollte bei der Biegeprüfung die benötigte Kraft beim ersten Biegen möglichst nicht über 3 kp, nach 20 Biegungen möglichst nicht über 2,5 kp liegen. Beim ersten Durchgang mußten bei den durchgeführten Untersuchungen von 31 Klebstoffen bereits 13 als unter dieser Bedingung unbrauchbar ausgeschieden werden. Mit den restlichen Klebstoffen wurden Untersuchungen auf den verschiedensten Ledern durchgeführt, um festzustellen, inwieweit sich die einzelnen Klebstoffe auf verschiedene Lederarten gleichartig verhalten. In Tab. 6 sind die Ergebnisse von acht verschiedenen Klebstoffen angeführt, die nach weiteren Ausscheidungen in der Schlußprüfung verblieben. Die Prüfung erfolgte auf vier verschiedenen Ledern 1–4, bei denen es sich bei den Ledern 1 und 2 um zwei handelsübliche warmgefettete Riemenlederarten mit guten Festigkeitseigenschaften handelte, bei den Ledern 3 und 4 um selbst hergestellte Leder, die nach den Gerbverfahren 3 und 4 in Schnellgerbung erzeugt worden waren. Vier dieser Klebstoffe entsprachen auf allen vier Ledern den Anforderungen, mindestens eine Zugfestigkeit der Verklebung von 300 kp/cm² aufzuweisen. Dabei handelt es sich um folgende Fabrikate:

Nr. 7   Kö-Kleber TK 79, Kunstharzbasis: Kömmerling, Pirmasens
Nr. 19   Rey-O-Flex-Kleber mit Härter, Neoprenbasis: Hey, Offenbach
Nr. 23   Ardal-Kontakt-Kleber X 111/20 + Verstärker R: Werner & Merz, Mainz
Nr. 27   Ultraflex 33 + Härter, Polyesterbasis: Isar-Chemie, München

Bezüglich der Elastizität der Klebschichten konnte man die bei Leder zu stellenden Anforderungen einer Biegebelastung von höchstens 3 kp bei der ersten Biegung an die Klebschichten nicht verlangen, da sich bei allen Verklebungen zunächst gewisse Verhärtungen ergeben, die nicht mit dem Klebstoff als solchem in Verbindung zu stehen brauchen, sondern schon durch das Verpressen der Leder bewirkt sein können. Daher sollte man bei der Beurteilung von Klebeschichten nicht die Werte bei der ersten Biegung in Betracht ziehen, wohl aber verlangen, daß nach 20 Biegungen die Belastung nicht über 2,5 kp oder jedenfalls nicht nennenswert darüber liegt. Von den nach der Zugfestigkeit ausgewählten Fabrikaten halten die Klebstoffe Nr. 7, 19 und 23 diese Forderung in vollem Umfang ein, bei Klebstoff 27 wird die Forderung nicht nennenswert überschritten. Sicher werden auch andere Klebstoffe die gleichen Anforderungen aushalten, aber es konnte nicht die Aufgabe dieser Untersuchungen sein, alle am Markt befindlichen Typen daraufhin zu überprüfen, sondern nur gezeigt werden, daß die Forderung erreichbar ist, daß auch die Klebstellen ihrerseits bei sachgemäßer Anwendung Festigkeitseigenschaften von 300 kp/cm² ergeben und daß die Biegeelastizität der Klebstellen nach 20 Biegungen nicht oder nicht nennenswert über 2,5 kp liegt.

II. Chromgare bzw. kombiniert gegerbte Zylinderkalbleder

Zylinderkalbleder werden zur Herstellung von Hochverzugsriemchen verwendet, die in den Streckwerken der Textilindustrie eingesetzt werden. Auch bei dieser Lederart sind nach dem Kriege zusätzliche Belastungen dadurch entstanden, daß moderne Streck-

Tab. 6 *Verklebungsversuche*

Klebstoff-Nr.	Prüfart	Zugfestigkeit kp/cm² Leder-Nr.				1. Biegung 90° kp Leder-Nr.				20. Biegung 90° kp Leder-Nr.			
		1	2	3	4	1	2	3	4	1	2	3	4
7	1	338	313	320	312								
	2	310	315	311	346	3,3	2,9	3,1	3,4	2,1	2,0	2,2	1,8
	3	305	309	311	342								
8	1	288	270	237	242								
	2	274	261	246	262	4,3	4,3	4,0	3,9	3,0	3,1	3,0	2,7
	3	265	259	249	253								
12	1	271	282	267	269								
	2	273	274	264	282	3,8	3,9	3,6	3,4	2,2	2,2	2,6	2,3
	3	265	284	272	269								
16	1	307	332	270	272								
	2	292	329	269	289	3,8	3,7	3,9	3,7	2,4	1,9	2,4	2,3
	3	289	319	269	266								
19	1	333	309	312	310								
	2	327	303	309	320	3,3	3,3	3,8	3,5	2,1	2,2	2,3	2,2
	3	334	316	310	303								
23	1	342	319	312	312								
	2	345	334	318	325	3,1	3,2	3,7	3,2	2,2	2,4	2,7	2,2
	3	334	322	315	338								
25	1	310	326	320	318								
	2	312	338	323	325	4,2	4,1	3,8	4,4	2,6	3,1	2,9	2,8
	3	307	328	331	300								
27	1	323	353	339	310								
	2	308	356	329	317	4,0	4,3	3,9	4,5	2,4	2,6	2,2	2,7
	3	313	346	342	320								

werke beim Verspinnen heute wesentlich schneller laufen als früher (Geschwindigkeiten von mehr als 100 m/Min.) und daß sie unter wesentlich höherer Druckbelastung arbeiten. Die rasche Wechselbeanspruchung des Fasergefüges durch Be- und Entlastung bei hohem Druck und erhöhter Geschwindigkeit steigert die Beanspruchung des Leders namentlich in der Zone zwischen Narben- und Retikularschicht, die schon wachstumsbedingt gegen mechanische Beanspruchung besonders empfindlich ist, noch beträchtlich. Hinzu kommt, daß durch das Arbeiten im Mehrschichtbetrieb die Erholzeit des Fasergefüges vermindert wird, und schließlich werden auch durch die Tatsache, daß neben Baumwolle Zellwolle und synthetische Fasern in gesteigertem Maße verarbeitet werden, zum Teil andere und zusätzliche Beanspruchungen bewirkt. Das alles hat die Anforderung an diese Lederart erheblich gesteigert.

1. Anforderungen an Zylinderkalbleder und Problemstellung dieser Arbeit

Zylinderkalbleder werden zum großen Teil chromgar bzw. kombiniert gegerbt, zu einem geringeren Teil pflanzlich gegerbt geliefert. Unsere Untersuchungen haben sich ausschließlich auf die erstere Gruppe bezogen. An einwandfreie chromgare bzw. kombiniert gegerbte Zylinderkalbleder werden die folgenden Anforderungen gestellt:

1. Die Leder werden in einer *Stärke* von 0,6 bis 1,3 mm hergestellt. Sie müssen ganz gleichmäßig sein, die Dickenschwankungen dürfen nicht mehr als ± 0,05 mm vom Soll-Wert betragen, sie sollten möglichst noch geringer sein (± 0,02 mm).
2. Die Riemchen dürfen sich beim Gebrauch nicht verziehen, und wenn sich auch eine völlige Dehnungslosigkeit nicht realisieren läßt, so muß doch die *Dehnung bei geringer Belastung* möglichst niedrig liegen (ohne daß das Leder hart wird, siehe unter 8).
3. Die Leder müssen einen *dichten, feinen, flachliegenden glatten und vor allem elastischen Narben* besitzen, damit das Garn nicht flust (gefühlsmäßige Prüfung). Sie dürfen daher auch nicht adrig sein und möglichst keine fühlbare Mastfaltenriefigkeit erkennen lassen. Der glatte Narben sollte möglichst nicht durch Deckschichten erreicht werden (s. u.).
4. Die Leder müssen *festnarbig* sein (gefühlsmäßige Prüfung), die Zone zwischen Narben- und Retikularschicht muß bei der Herstellung sehr geschont werden und darf auch bei längerer Dauerbiegebeanspruchung nicht zu einer Schichtung neigen.
5. Der Narben muß einen *trockenen Griff* haben, darf nicht überfettet sein und sich nicht klebrig anfühlen (gefühlsmäßige Prüfung). Auch bei Erwärmung des Leders darf kein Fett austreten, das sonst in das Spinngut abwandern würde.
6. Die Oberfläche des Leders muß möglichst *abriebfest* sein, also einen extrem hohen Scheuerwiderstand besitzen. Das ist für die Lebensdauer gerade im Vergleich zu Gummiriemchen wichtig, die nicht unbedingt abriebfester sind, die man aber abschleifen kann, was beim Leder nicht möglich ist.
7. Der Narben darf nicht zu weich sein, sondern muß eine gute *Druckfestigkeit* aufweisen; Riemchen aus Gummi und Synthetik sind im allgemeinen gut druckfest, so daß bei Leder für diesen Zweck dieser Eigenschaft besondere Aufmerksamkeit zu schenken ist.
8. Das Leder muß trotz geringer Dehnung *genügend geschmeidig (nicht weich)* sein, darf beim doppelten Biegen nicht aufplatzen und muß eine gute Dauerelastizität besitzen (Bestimmung Narbenplatzen und Dauerbiegefestigkeit).
9. Das Leder muß eine *gute Strukturfestigkeit* haben (Bestimmung Zugfestigkeit), das Fasergefüge darf bei ständiger Biegebeanspruchung unter Druck nicht zermürben bzw. „zermüllern".

10. Die *Fleischseite* des Leders sollte nicht langfaserig oder rauh sein.
11. Das Leder muß gut *verklebbar* sein.
12. Das Leder darf nicht zu *elektrostatischer Aufladung* neigen, da diese sich in der Praxis durch Wickelbildung des verarbeiteten Spinngutes sehr unangenehm auswirkt. Gegenüber Gummi hat Leder hier den wesentlichen Vorteil, daß die elektrostatische Aufladung bei geeigneter Herstellung wesentlich geringer ist.
13. Zur Erreichung eines *günstigen Ausschnitts* sollten die Flämen möglichst fest und die abfälligen Teile so gering wie möglich sein, was nicht durch Füllung, sondern durch eine flache Gerbung erreicht werden sollte.

Hier wird also eine Vielzahl an Anforderungen gestellt, die teilweise von der Struktur der Rohware individuell beeinflußt werden und daher in ihrer Gesamtheit kaum voll zu erreichen sind, aber doch weitestmöglich anzustreben wären. Außer der Forderung unter 1 (gleichmäßige Stärke) werden die anderen Eigenschaften in starkem Maße von den Arbeiten der Wasserwerkstatt, Gerbung und Naßzurichtung beeinflußt, und daher haben sich unsere Untersuchungen in erster Linie auf die hier möglichen Variationen erstreckt. Sie wurden schon vor einigen Jahren abgeschlossen, doch haben unsere neueren Untersuchungen über den Äscherprozeß [4], die Mechanisierung und Rationalisierung der Naßarbeiten in der Gerberei [10], die Neutralisation von Chromleder [11], den Fettungsprozeß [12] und die elektrostatische Aufladung von Leder [13] immer wieder neue Gesichtspunkte und Anregungen auch für dieses Spezialgebiet geliefert, die wir nicht unberücksichtigt lassen wollten. Wir haben daher auch bei den genannten Versuchsreihen immer wieder Versuche eingeschaltet, die uns im Hinblick auf die Problemstellung dieser Arbeit neue Erkenntnisse bringen sollten.

Ohne Zweifel besteht auch bei der Herstellung von Zylinderkalbledern der Wunsch, die modernen Erkenntnisse der Rationalisierung der Naßarbeiten, die Arbeiten von der Weiche bis zum Ende der Gerbung mit einem Minimum an Zeit- und Arbeitsaufwand durchzuführen, sinngemäß auszunutzen. Wir glauben, daß im Grundsätzlichen die Rahmentechnologie, die wir für die Herstellung von Kalboberleder mitteilten [10], auch auf die Herstellung von Zylinderkalbledern übertragen werden kann, soweit sie den zeitlichen Ablauf der Produktion betrifft. In der Ausgestaltung der einzelnen Prozesse werden aber viele Variationen vorzunehmen sein, über die nachstehend berichtet werden soll. Dabei soll von einer Vielzahl von Variationen, die wir zu diesem Thema erprobt haben, nur eine Auswahl mitgeteilt werden, da sich viele Entwicklungsrichtungen entweder von vornherein als unzweckmäßig erwiesen oder durch spätere Entwicklungen überholt wurden.

Als *Hauptmaterial* wurden zunächst süddeutsche Kalbfelle der Gewichtsklasse 4,5–7,5 kg verwendet und davon stets Leder in mittlerer Stärke von 0,9 mm hergestellt, doch hat sich bald erwiesen, daß dieses Hautmaterial nicht unbedingt zweckmäßig war, weil es zu teuer war, und weil die Felle bei gleicher Gewichtsklasse dicker und kompakter als das norddeutsche Gefelle waren und daher eine schlechtere Flächenausbeute und wegen des stärkeren Ausspaltens bzw. Falzens auch ungünstigere Festigkeitswerte lieferten. Wir haben daher in erheblichem Umfang auch schwarzbunte Kalbfelle (Mainzer Auktion) der gleichen Gewichtsklasse verwendet, bei denen Flächenausbeute und Festigkeitswerte günstiger ausfielen. Im übrigen konnten in den meisten Eigenschaften die grundsätzlichen Feststellungen, die wir zunächst bei süddeutschem Hautmaterial getroffen hatten, auch bei dem norddeutschen Hautmaterial bestätigt werden.

Für die chemische Untersuchung der erhaltenen Leder wurden die neuen DIN-Vorschriften zugrunde gelegt (DIN 53300 bis 53312) und die Ergebnisse jewels auf Ledertrockensubstanz (0% Wasser) umgerechnet. Bei der Ermittlung der Zugfestigkeit wurde gleichzeitig beobachtet, bei welcher Belastung Narbenplatzen eintrat und angestrebt, daß dieser Wert möglichst wenig unter dem der Zugfestigkeit lag, ein Narbenplatzen also erst eintrat, wenn auch das Gesamtleder riß. Zur Bestimmung der Abriebfestigkeit wurden Proben mit der Frank-Abnutzungsprüfmaschine Nr. 665 mit einer freien Prüffläche von 50 cm^2 und einer Wölbhöhe von 5 mm bei einer Belastung von 2 kp mit einem Schmirgelleinen der Körnung von 150 bei etwa 90 Umdrehungen/Minute 500, 1000 und 1500 Reibumdrehungen unterzogen und dann nach erneuter Klimatisierung die Gewichtsabnahme in Gramm festgestellt (Scheuerverlust).

2. Einfluß der Wasserwerkstattarbeiten

Die Arbeiten der Wasserwerkstatt wurden, da ihnen ganz besondere Bedeutung zukommt, in weiten Grenzen variiert. Dabei hat sich auch hier als zweckmäßig erwiesen, das *Entfleischen* nach der Weiche oder besser schon nach der Vorweiche vorzunehmen [10], da sonst durch das anhaftende Leimleder das Eindringen aller Chemikalien während des Äscherns stark beeinträchtigt wird und damit die Äscherchemikalien zu sehr auf den Narben gezwungen werden und durch einen zu starken Äscheraufschluß der von Natur aus schon strukturell geschwächten Papillarschicht das Auftreten von Losnarbigkeit, losen Flämen und Narbenzug gefördert wird, Eigenschaften, die gerade bei der Herstellung von Zylinderkalbleder unbedingt vermieden werden müssen. Wir glauben, daß es zweckmäßig ist, das Entfleischen schon nach der *Vorweiche* vorzunehmen, die je nach der Beschaffenheit des Hautmaterials (Austrocknen!!) zwischen ½ und 1 Stunde schwanken sollte, aber die Innenzone des Leders noch nicht zu weit erfaßt haben darf, so daß ein genügend fester Untergrund für den Entfleischvorgang vorhanden ist. Bei der *Hauptweiche* haben wir ursprünglich ohne Einsatz von Weichmitteln mit einer Weichdauer von 24 Stunden bei zweimaligem Wasserwechsel und gelegentlicher Bewegung gearbeitet. Es hat sich aber auch hier für eine gute Durchweichung bei möglichster Abkürzung der Weichdauer der Einsatz von Weichpräparaten auf enzymatischer Grundlage als zweckmäßig erwiesen, deren Einsatz wir bereits früher ausführlich beschrieben haben [10]. Dabei konnte die Weichdauer auf 2½ bis 3 Stunden herabgesetzt werden, wodurch eine Schonung der Hautsubstanz gefördert wurde.

Beim *Äscherprozeß* ist ohne Zweifel eine weitgehende Schonung des Fasergefüges anzustreben. Die bei Kalboberleder erwünschte Fülle und der gummiartige Griff sind hier nicht erforderlich, ja nicht einmal erwünscht. Die geringen Stärken der Fertigleder machen es unnötig, in Richtung auf ein volles Leder zu arbeiten, während andererseits die angestrebten Abriebwerte eine möglichst gute Verbindung zwischen Narben- und Retikularschicht (Narbenfestigkeit) und die geringe bleibende Dehnung eine möglichst hohe Schonung der Hauptsubstanz im Äscher notwendig machen. Aus einer Vielzahl der vorgenommenen Variationen seien hier neun Versuche angeführt:

Versuch 1: Reine Schwöde

Eine Schwefelnatriumlösung von 10° Bé wurde mit Kalkhydrat und Kaolin entsprechend angedickt und der Schwödebrei auf die Fleischseite der zuvor abgewelkten Felle aufgetragen, wobei die Flämen einen nur ganz geringen Auftrag erhielten. Haarlässigkeit war in 6 Stunden erreicht, die Felle wurden dann ohne Nachäscher weitergearbeitet.

Versuch 2: Schwöde und Weißkalkäscher

Nach der Schwöde erhielten die Felle, in Gruben hängend, noch einen Weißkalkäscher mit 5 kg Kalkhydrat/m^3 bei 20–22° über eine Zeitspanne von 1½ Tagen, wobei sie täglich zweimal aufgerührt wurden.

Versuch 3: Schwöde und verlängerte Weißkalkäscher

Durchführung wie Versuch 2, der Nachäscher wurde auf 3½ Tage verlängert.

Versuch 4: Schwöde und verkürzter Weißkalkäscher

Durchführung wie Versuch 2, der Nachäscher wurde auf 17 Stunden (Arbeiten über Nacht) verkürzt.

Versuch 5: Angeschärfter Faßäscher

Die Felle erhielten einen angeschärften Faßäscher mit 400% Wasser von 22 bis 23°, 3% Schwefelnatrium konz. und 1,5% Kalkhydrat, auf Weichgewicht bezogen. Nach Ansetzen des Äschers wurde 10 Minuten und dann alle 2 Stunden 2 Minuten bewegt. Äscherdauer 24 Stunden.

Versuch 6: Angeschärfter Äscher mit verlängerter Äscherdauer

Durchführung wie Versuch 5, aber mit einer Äscherdauer von 2 Tagen.

Versuch 7: Teilweiser Einsatz von Sulfhydrat

Durchführung wie Versuch 5, doch wurde die Hälfte der Schwefelnatriummenge durch Natriumsulfhydrat ersetzt.

Versuch 8: Faßschwöde

Die Faßschwöde wurde nach der an anderer Stelle mitgeteilten Rezeptur [10] durchgeführt, wobei 1,5% Natriumsulfhydrat und 0,3% eines netzenden Äscherhilfsmittels vorgegeben und nach 15 Minuten 2,5% Schwefelnatrium konz. und 3,0% Kalkhydrat nachgesetzt wurden. Nach 75 Minuten erfolgte die Zugabe von 250% Wasser in vier Etappen, wobei hier bewußt Wassertemperaturen über 25°C vermieden wurden. Gesamtäscherdauer 14 Stunden.

Versuch 9: Faßschwöde mit abgewandelter Zusammensetzung

Auf die Mitverwendung von Natriumsulfhydrat wurde verzichtet, die Menge an Kalkhydrat wurde auf 2,0% herabgesetzt und die Menge an Schwefelnatrium auf 3,0% gesteigert. Dabei wurde zunächst 1,0% Schwefelnatrium konz. zusammen mit einem netzenden Äscherhilfsmittel vorgegeben und nach 15 Minuten die restlichen Schwefelnatriummengen zusammen mit dem Kalk nachgesetzt. Sonst erfolgte die Durchführung wie bei Versuch 8.

Die Weiterbearbeitung der Leder erfolgte nach den in den folgenden Abschnitten gemachten Angaben, die Chromgerbung wurde bei diesen Versuchen mit 2% Chromoxid in Form eines 33% basischen Chromsalzes in klassischer Weise nach vorherigem Lösen des Chromsalzes vorgenommen. Die Werte in Tab. 7 bestätigen die Erfahrungen früherer Untersuchungen über den Äscherprozeß [4]. Eine ausschließliche Schwöde würde die beste Narbenbeschaffenheit hinsichtlich Glätte, Narbenfestigkeit und Scheuerwiderstand (extrem niedrige Werte) ergeben, und die Werte der Zugfestigkeit lagen hoch, doch reichte andererseits die Narbenelastizität nicht aus. Daher ergab schon die Schlüsselprobe ein unerwünschtes Brechen, die Werte für die Dehnung bei geringer Belastung waren extrem niedrig, und bei der Zugprüfung lagen die Belastungswerte, bei denen ein erstes Narbenplatzen eintrat, erheblich unter denen der Bruchlast. Ein zu langer Nachäscher (Versuch 3), namentlich wenn er als reiner Weißkalkäscher durchgeführt wird, führt andererseits zwangsläufig zu Losnarbigkeit, mäßiger Narbenglätte und unbefriedigenden Werten für die Zugfestigkeit, Dehnbarkeit bei geringer Belastung und Scheuerwiderstand. Der Nachäscher nach einer Schwöde sollte daher, wenn er als Grubenäscher gegeben wird, nicht über 24 Stunden liegen (Versuch 4), die Kalkmenge sollte 5 kg Kalkhydrat/m^3 nicht übersteigen, und es empfiehlt sich nach den in anderen Versuchsreihen erhaltenen Erfahrungen, ihn mit Schwefelnatrium mäßig anzuschärfen, da dann noch vorhandene Grundhaare mit Sicherheit entfernt werden und durch die stärkere Quellwirkung des angeschärften Äschers die Hautsubstanz mehr geschont wird. Unter den Faßäschern 5–7 verdient der Äscher 5 nach der äußeren Beschaffenheit der Leder und den Werten der Tab. 7 den Vorzug. Die Äscherdauer sollte also 24 Stunden nicht überschreiten, weil sonst die Gefahr einer Losnarbigkeit nicht auszuschließen ist, und die Werte für die bleibende Dehnung und den Scheuerwiderstand ungünstig werden. Die Bewegung des Faßäschers ist auf ein Minimum zu beschränken (alle 2 Stunden 2 Minuten), und außerdem ist im Hinblick auf den anzustrebenden geringen Äscheraufschluß auch nicht zweckmäßig, Schwefalnatrium teilweise durch Sulfhydrat zu ersetzen (höherer Scheuerverlust). Auch sollte die Kalkmenge bewußt niedrig gehalten werden, um den Äscheraufschluß zu vermindern.

Besonders erfolgversprechend erschien der Einsatz einer *Faßschwöde*, bei der die Äscherchemikalien rasch und tief in das Innere der Haut eindringen können, so daß der Äscheraufschluß, nachdem später die Wassermenge gesteigert wurde, nicht so sehr in den Außenschichten, sondern mehr im Innern der Haut erfolgt. Dadurch wird eine Schonung des Fasergefüges gerade in der Zone unmittelbar unter dem Narben und in den Flämen und eine gute Scheuerfestigkeit erreicht und doch eine genügende Geschmeidigkeit des Leders erzielt. Außerdem wird durch die größere Tiefenwirkung eine bessere Zerstörung der Haarwurzeln erzielt und das Lösen des Grundes gefördert, was im Hinblick auf die anzustrebende Narbenelastizität von Vorteil ist. In der Tat ergaben die Versuche 8 und 9 nach den Werten der Tab. 7 in allen Punkten günstige Werte. Bezüglich der Einzelheiten der Durchführung sei auf frühere Mitteilungen verwiesen [10], hier sei nur nochmals betont, daß bei der nachträglichen Zugabe von Wasser zur Auslösung der Schwellwirkung die Wassermenge in einzelnen Portionen zuzusetzen ist, so daß sich der Schwellvorgang auf eine längere Zeitperiode erstreckt, wodurch ein Auftreten von Narbenzug praktisch vermieden wird. Im Vergleich zum Äscher 8, der sich bei Kalboberleder bewährt hat, würden wir bei Zylinderkalbledern zur weiteren Schonung der Flämen und Erreichung eines geringeren Scheuerverlustes dem Äscher 9, in dem auf die Mitverwendung von Natriumsulfhydrat verzichtet wird, den Vorzug geben.

Nach dem Äscher wurden die mechanischen Reinigungsarbeiten in üblicher Weise vorgenommen und das Blößengewicht bestimmt, das für die weitere Dosierung der Chemikalien zugrunde gelegt wurde. Dann erfolgte das *Entkälken und Beizen* im Normalversuch so, daß die Blößen nach Spülen mit Wasser von 25° mit 150% Wasser von 25° und 1% Ammoniumsulfat vorentkälkt und dann mit 0,5% Oropon O bei 28°–30°C 1 Stunde gebeizt wurden. pH-Wert der Lösung am Ende der Beize bei 7,8–8,0. Im Hinblick auf den nicht zu weit gehenden Äscheraufschluß ist eine restlose Entkälkung unbedingt erforderlich, da sonst die Gefahr einer Verhärtung und Versprödung des Narbens nicht auszuschließen war. Aus der Vielzahl der Beizversuche seien vier angeführt, die im Anschluß an den Äscher des Versuches 4 im Vergleich zur Normalarbeitsweise wie folgt durchgeführt wurden:

Versuch 10: Ohne Beize

Bei diesem Versuch wurde eine Beize überhaupt weggelassen, dagegen auf eine gute Durchentkälkung mit Ammoniumsulfat geachtet.

Tab. 7 *Verschiedene Äscher- und Beizversuche*

	1	2	3	4	5	6	7	8	9	10	11	12	13
% Mineralstoffe	4,6	4,7	4,8	4,6	4,6	4,6	4,4	4,4	4,6	4,6	4,4	4,0	4,2
% Cr_2O_3	3,6	3,8	3,9	3,9	3,6	3,7	3,8	3,7	3,6	3,8	3,6	3,5	3,7
% extrahierbares Fett	2,0	2,3	2,4	2,4	2,5	2,6	2,4	2,3	2,5	2,4	2,5	2,4	2,3
% gebundenes Fett	0,6	0,5	0,7	0,6	0,6	0,5	0,6	0,5	0,6	0,4	0,6	0,6	0,4
% freie Fettsäure	0,2	0,2	0,2	0,3	0,2	0,3	0,4	0,3	0,3	0,3	0,3	0,4	0,4
pH-Werte des wässerigen Auszugs	5,2	5,1	5,0	5,4	5,1	5,2	5,2	5,1	5,3	5,1	5,2	5,1	5,1
Narbenplatzen (kp/cm²)	165	206	192	208	216	209	212	210	216	213	228	229	236
Zugfestigkeit (kp/cm²)	243	212	197	216	232	215	217	222	230	244	240	238	246
% Dehnung bei 5 kp/cm²	7	17	24	14	13	16	15	14	12	12	18	14	14
10 kp/cm²	16	31	46	27	27	33	30	29	24	22	32	29	27
Dauerbiegefestigkeit (Flexometer)	20000							alle 100000					
g Scheuerverlust 500 Umdrehungen	0,12	0,22	0,29	0,18	0,17	0,25	0,23	0,19	0,14	0,16	0,25	0,16	0,14
1000 Umdrehungen	0,21	0,37	0,54	0,36	0,36	0,49	0,46	0,36	0,32	0,30	0,42	0,29	0,24
1500 Umdrehungen	0,37	0,71	0,89	0,68	0,62	0,75	0,73	0,65	0,58	0,60	0,76	0,60	0,47
Narbenglätte	sehr gut	gut	mäßig	gut	gut	gut	gut	gut	sehr gut	gut	mäßig	gut	gut
Narbenfestigkeit	sehr gut	etwas los-narbig	los-narbig	gut	gut	etwas los-narbig	gut	gut	gut	gut	etwas los-narbig	sehr gut	sehr gut
Narbenelastizität (Schlüsselprobe)	Brechen	–	–	–	–	–	–	–	–	Neigung zum Brechen	–	–	–

Versuch 11 : Verlängerte Beizdauer

Durchführung wie beim Normalversuch, aber Verlängerung der Beizdauer auf 2 Stunden.

Versuch 12 : Entkälken und Beizen in kurzer Flotte

Die Flotte wurde nach dem Spülen weitgehend abgelassen, dann wurde mit 2% Decaltan R unter pH-Steuerung (pH 5,0) + 0,2% Hydrophan AS (Kempen) entkälkt und nach 15 Minuten 0,5% Oropon O zugesetzt. Gesamtdauer 1 Stunde.

Versuch 13 : Saure Beize

Das Hauptmaterial wurde zunächst unter Verwendung organischer Säuren bis pH 5 entkälkt, dann wurde die saure Beize (1% Eropal A, Röhm & Haas) zugegeben. Die Beize lief über Nacht bei 22–24°, wobei alle Stunden 15 Minuten bewegt wurde und mittels Faßautomatik die Temperatur konstant gehalten und der pH-Wert konstant zwischen 5,0 und 5,2 eingestellt wurde.

Im Hinblick auf eine genügende Narbenelastizität kann man zwar auf eine Beize nicht völlig verzichten, doch muß die Beizintensität möglichst gering gehalten werden, da sonst zu hohe Dehnung, Losnarbigkeit und schlechte Scheuerfestigkeit die Folge sind (Versuch 11). Wesentlich günstiger war – wenn man schon mit alkalischen Beizen arbeitet – die Durchführung in kurzer Flotte (Versuch 12). Auch hier kann bezüglich der Einzelheiten der Durchführung auf frühere Mitteilungen verwiesen werden [10], nur empfehlen wir, die Menge des Beizpräparates auf 0,5% zu vermindern. Es sollten nur solche Entkälkungsmittel verwendet werden, die leichtlösliche Kalksalze liefern [14], die Faßumdrehung sollte nicht mehr als 5 U/Minuten betragen und der pH-Wert auch nicht kurzfristig unter 5,0 absinken. Die Leder zeigten gute Narben- und Flämenfestigkeit und einen besseren Scheuerwiderstand als bei der Normalarbeitsweise (Versuch 4) und den Versuchen 10 und 11. Die saure Beize erwies sich gegenüber den üblichen alkalischen Beizen bei der Herstellung von Zylinderkalbledern als besonders substanzschonend. Die damit erhaltenen Leder zeichneten sich durch hohe Narbenelastizität, gute Narbenglätte und Narbenfestigkeit, hohe Zugfestigkeit, wunschgemäß relativ niedrige Dehnung bei geringer Belastung und vor allem durch einen sehr günstigen Scheuerwiderstand aus, vermutlich weil hier ein gutes Durchbeizen des Fasergefüges erreicht wird, ohne ein Überbeizen des Narbens befürchten zu müssen. Die Anwendung einer sauren Beize kann daher bei der Herstellung von Zylinderkalbledern besonders empfohlen werden.

3. Einfluß von Pickel und Gerbung

Die bisherigen Versuche waren mit relativ satter Chromgerbung und intensiver Neutralisation durchgeführt worden. Zahlreiche Zwischenversuche haben aber gezeigt, daß günstigere Werte zu erwarten seien, wenn die Intensität der Chromgerbung und der Neutralisation vermindert würde. Die nachfolgend beschriebenen Variationen sind unter diesen Bedingungen durchgeführt worden, so daß die Werte der Tab. 8 zwar untereinander, aber nicht direkt mit den Werten der Tab. 7 vergleichbar sind. Bei allen Versuchen dieser Versuchsgruppe wurde die Hauptweiche auf enzymatischer Grundlage bei einer Weichdauer von 2½ Stunden durchgeführt, der Äscherprozeß erfolgte mittels Schwöde und verkürztem Weißkalk-Nachäscher nach Versuch 4, und Entkälkung und Beize wurden in der beschriebenen Normalarbeitsweise mit 1% Ammoniumsulfat und 0,5% Oropon O bei einer Beizdauer von 1 Stunde vorgenommen und dann gründlich gespült. Aus der Vielzahl der durchgeführten Variationen bei Pickel und Chromgerbung seien nachstehend 13 verschiedene Variationen angeführt.

Versuch 14 : Normalarbeitsweise

Der Pickel wurde mit 80% Wasser, 6% Kochsalz und 0,8% Schwefelsäure 2 Stunden laufen gelassen. Die Felle blieben über Nacht im Pickel. End-pH-Wert der Flotte bei 2,6–2,8. Anschließend Chromgerbung im frischen Bad mit 80% Wasser von 20°C, 2% Kochsalz und 1,5% Chromoxid in Form von Chromosal B (33% basisch.). Das Chromsalz wurde am Tag zuvor heiß gelöst, ein Drittel wurde mit 33% Basizität, der Rest in zwei Anteilen mit 50% Basizität zugegeben. Nach 6 Stunden wurde mit Soda abgestumpft. End-pH-Wert der Flotte 3,7–3,8.

Versuch 15 : Saurer Schwefelsäurepickel

Durchführung wie bei Versuch 14, doch wurden 1,2% Schwefelsäure verwendet, so daß der End-pH-Wert der Flotte bei 2,0 lag.

Versuch 16 : Salzsäure-Pickel

Durchführung wie bei Versuch 14, doch wurde der Pickel mit 80% Wasser, 6% Kochsalz und 1,1% Salzsäure durchgeführt. End-pH-Wert des Pickels bei 2,9.

Versuch 17 : Zusatz von Formalin zum Pickel

Durchführung wie bei Versuch 14, doch wurde zur Pickelflotte 1% Formalin 40%ig in 10% Wasser verdünnt zugesetzt.

Versuch 18 : Verringerte Chromoxidmenge

Durchführung wie bei Versuch 14, doch wurde nur 1,0% Chromoxid in Form von Chromosal B angewandt.

Versuch 19 : Gesteigerte Chromoxidmenge

Durchführung wie bei Versuch 14, doch wurden 2% Chromoxid in Form von Chromosal B angewandt.

Versuch 20 : Füllende Maskierung

Durchführung wie bei Versuch 14, doch wurden der Chromlösung 0,5 Äq/1 Cr Natriumsulfit zugesetzt [15]. Der Zusatz erfolgte bereits am Tag vor der Verwendung nach dem Lösen des Chromosal B.

Versuch 21 : Flachwirkende Maskierung

Durchführung wie bei Versuch 14, doch wurden der Chromlösung 0,5 Äq/1 Cr Natriumacetat zugesetzt [15]. Die Zugabe erfolgte bereits am Tag vor der Verwendung nach dem Lösen des Chromosal B.

Versuch 22 : Mit SO_2 reduzierte Chrombrühe

Durchführung wie bei Versuch 14, doch wurde eine mit SO_2 reduzierte Chrombrühe verwendet; 100 kg Natriumbichromat wurden 1 : 3 bei 40°C gelöst und SO_2 eingeleitet, bis völlige Reduktion erfolgt war. Dann wurde kurz aufgekocht, um überschüssiges SO_2 zu vertreiben und vorhandene Dithionate zu zerstören. Die Brühe ist 33% basisch [16].

Versuch 23 : Kurzpickel und Chromgerbung nach dem Ungelöstverfahren

Die Durchführung des Pickels und der Chromgerbung erfolgte, wie früher für die Herstellung von Chromkalbleder beschrieben [10]. Entsprechend wurde der Pickel in kurzer Flotte mit 1,5% Ameisensäure 85%ig und 0,5% Formalin 40%ig bei konstanter Temperatur von 25°C durchgeführt. Bei der Chromgerbung nach dem Ungelöstverfahren wurden allerdings nur 6% Chromosal B (statt 10% Chromosal BM bei Chromkalbleder) zugegeben, das Abstumpfen erfolgte mit Sodalösung über eine pH-Steuerung so, daß sich der pH-Wert während der gesamten Gerbung in der Lösung konstant auf 3,6–3,8 einstellte. Schließlich wurde die Gerbung bei 25°C begonnen und nach einiger Zeit mittels Heizautomatik auf konstant 40° eingestellt.

Versuch 24: Schwefelsäure im Kurzpickel

Durchführung wie bei Versuch 23, nur wurde statt Ameisensäure 1,1% Schwefelsäure als Pickelsäure verwendet. Dabei wurde allerdings die Zeitspanne bis zur Erreichung einer guten Durchpickelung von 1 Stunde bei der Ameisensäure auf 2½ Stunden verlängert.

Versuch 25: Zugabe von polymerem Phosphat zum Pickel

Durchführung wie bei Versuch 23, doch wurden dem Ameisensäurepickel gleichzeitig 2% Coriagen CR II (Benckiser) zusammen mit der Salzlösung vor der Säurezugabe zugegeben.

Versuch 26: Mitverwendung von Lutan B

Durchführung wie bei Versuch 23, doch wurden bei der Gerbung statt 6% Chromosal B 4,5% Chromosal B + 1,5% Lutan B verwendet.

Die Ergebnisse der vergleichenden Untersuchungen der bei diesen Versuchen erhaltenen Leder in Tab. 8 zeigen, daß durch Variation des Pickels und der Chromgerbung die Beschaffenheit des Leders wesentlich beeinflußt werden kann. Beim *Pickelprozeß* haben wir zum Erhalt eines fein- und festnarbigen Leders mit flachem Narben auf eine gute Durchpickelung vor Beginn der Chromgerbung besonderen Wert gelegt. Dabei haben wir bei den älteren Untersuchungen einen Gleichgewichtpickel verwendet, würden aber heute einen Schnellpickel mit kurzer Flotte vorziehen, wie er in den Versuchen 23–26 zur Anwendung gelangte, da dadurch die Zeitspanne für eine gute Durchpickelung wesentlich abgekürzt wird und die absolute Salzmenge zur Vermeidung einer Quellwirkung auf ein Minimum beschränkt werden kann, von dem kein nachteiliger Einfluß auf die Gerbung selbst zu befürchten ist. Bei der Herstellung von Zylinderkalbledern ist die Verwendung nichtmaskierender Säuren im Pickel zu empfehlen, da durch maskierende Säuren (Versuch 23) die Fülle gesteigert und die Narbenelastizität erhöht, andererseits aber die Scheuerfestigkeit vermindert wird. Zwischen den Versuchen 14–15 mit unterschiedlicher Schwefelsäuremenge sind insofern Unterschiede vorhanden, als die Chromaufnahme bei höherer Schwefelsäuremenge etwas geringer war und gleichzeitig die Zugfestigkeit etwas anstieg, während hinsichtlich der Dehnung bei geringer Belastung und der Narbenelastizität keine nennenswerten Unterschiede vorhanden waren. Vorteilhaft ist ohne Zweifel ein Salzsäurepickel (Versuch 16), bei dessen Einsatz die Leder flacher und im Narben feiner werden und vor allem die Werte der Dehnung bei geringer Belastung und des Scheuerwiderstandes eine beachtliche Verbesserung erfahren. In jedem Falle ist die Mitverwendung von 0,5 bis 1% Formaldehyd (Versuch 17) beim Pickel zu empfehlen, da dadurch die Blößen flacher bleiben, Narbenfestigkeit und Narbenglätte gesteigert und vor allem das Hervortreten von Mastfalten deutlich vermindert wird.

Bei der *Chromgerbung* waren die Ergebnisse um so besser, je geringer der Chromeinsatz war. Je mehr Chrom verwendet wurde, desto geschmeidiger waren die Leder, desto stärker traten die Mastfalten hervor und desto schlechter wurden die Zugfestigkeit und

Tab. 8 *Verschiedene Pickel- und Gerbversuche*

	14	15	16	17	18	19	20	21	22	23	24	25	26
% Mineralstoffe	3,8	3,4	3,9	3,8	2,9	4,0	5,3	3,9	3,4	3,5	3,5	3,8	3,8
% Cr_2O_3	2,7	2,3	2,8	2,8	1,7	3,3	3,4	2,2	2,7	2,6	2,7	3,0	2,0
% extrahierbares Fett	2,4	2,6	2,5	2,5	2,8	2,7	2,6	2,2	2,3	2,4	2,5	2,6	2,6
% gebundenes Fett	0,5	0,3	0,4	0,5	0,3	0,7	0,5	0,4	0,5	0,4	0,4	0,5	0,4
% freie Fettsäure	0,2	0,4	0,3	0,2	0,4	0,4	0,4	0,2	0,3	0,3	0,3	0,2	0,3
pH-Wert des wässerigen Auszugs	3,9	3,8	3,9	3,8	3,7	3,8	3,8	3,9	3,7	3,5	3,5	3,7	3,8
Narbenplatzen (kp/cm²)	216	226	218	217	235	193	197	232	216	219	216	210	207
Zugfestigkeit (kp/cm²)	225	235	230	228	245	205	203	241	222	224	220	222	224
% Dehnung bei 5 kp/cm²	14	13	12	13	12	16	18	11	12	15	13	14	13
10 kp/cm²	28	27	24	26	22	30	32	22	24	31	27	28	26
Dauerbiegefestigkeit (Flexometer)	alle 100000												
g Scheuerverlust 500 Umdrehungen	0,17	0,16	0,14	0,16	0,15	0,19	0,22	0,14	0,14	0,18	0,15	0,12	0,13
1000 Umdrehungen	0,38	0,37	0,31	0,34	0,32	0,41	0,43	0,31	0,32	0,39	0,36	0,33	0,31
1500 Umdrehungen	0,66	0,64	0,54	0,62	0,56	0,69	0,75	0,54	0,59	0,6$	0,64	0,61	0,59
Narbenglätte	gut	gut	sehr gut	sehr gut	sehr gut	gut	mäßig	sehr gut	sehr gut	gut	gut	gut	gut
Narbenfestigkeit	gut	gut	gut	sehr gut	gut	gut	gut, weich	gut	sehr gut	gut	gut	sehr gut	sehr gut
Narbenelastizität (Schlüsselprobe)	—	—	—	keine Mastfalten fühlbar	etwas steif und fest	weich, stärkere Mastfalten	weich	gut, aber etwas steif	—	—	—	—	—

insbesondere die Scheuerfestigkeit (Versuch 19). Allerdings ist eine zu starke Verminderung der eingesetzten Chrommenge (Versuch 18) nicht zu empfehlen, da diese Leder zwar einen besonders glatten Narben und eine hohe Scheuerresistenz aufwiesen, aber etwas steif und fest waren. Um den Einfluß einer Maskierung zu erfassen, haben wir auf Grund früherer Untersuchungen [15] eine Sulfitmaskierung als Typ einer füllenden Maskierung und eine Acetatmaskierung als Typ einer flachwirkenden Maskierung ausgewählt. Füllende Maskierungen (Versuch 20) sind in keinem Falle zweckmäßig, da durch ihre aufpolsternde Wirkung und gesteigerte Chrommenge im Leder die Narbenglätte vermindert, die Weichheit gesteigert und auch die Dehnung bei geringer Belastung und namentlich der Scheuerwiderstand verschlechtert werden. Unter den flachwirkenden Maskierungen ist ein gewisser Zusatz von Natriumacetat (Versuch 21) zu empfehlen, da er ein Leder mit besonders heller Farbe, zartem, glattem Narben, hohen Zugfestigkeitswerten, guter Narbenelastizität bei geringer Dehnung und sehr guter Scheuerfestigkeit liefert. Nur muß die Menge möglichst gering gehalten werden, da die Leder sonst nicht geschmeidig genug sind und bei hohen Zusätzen ausgesprochen klapperig werden. Man sollte mit dem mengenmäßigen Zusatz nicht über 0,3 Äq/l Cr hinaus gehen. Günstig war erwartungsgemäß auch der Versuch mit der mit Schwefeldioxid reduzierten Chrombrühe, da bekanntlich mit solchen Brühen ein etwas flaches Leder mit glattem Narben erhalten wird. Diese Tatsache hat sich auch bei Versuch 22 bestätigt, und gleichzeitig konnte hierbei eine relativ geringe Dehnung bei niedriger Belastung und ein günstiger Scheuerwiderstand erhalten werden.

Ganz allgemein hat sich bei der Durchführung des Pickels und der Chromgerbung zur Erreichung einer genügenden Rationalisierung der Herstellungsverfahren auch die Rahmentechnologie für die Herstellung von Chromkalbleder empfohlen [10], wobei nach einem Schnellpickel unter gleichzeitigem Formalinzusatz eine Chromgerbung nach dem Ungelöstverfahren im gleichen Bad vorgenommen wird (Versuche 23–26), wenn die Chrommenge entsprechend vermindert wird. Dabei ist auch hier dem Schwefelsäurepickel (Versuch 24) vor dem Ameisenpickel aus den angegebenen Gründen der Vorzug einzuräumen. Die Mitverwendung von polymerem Phosphat (Versuch 25) im Pickel führte zu festerem Narben und guter Scheuerfestigkeit des Leders, doch ist eine gewisse Grünstichigkeit der Farbe als Nachteil zu werten, da Zylinderkalbleder möglichst hellfarbig gewünscht werden. Durch teilweisen Ersatz von Chromosol B durch Lutan B (Versuch 26) wurden Narbenfeinheit, Narbenfestigkeit, Dichtigkeit der Lederstruktur und Scheuerfestigkeit des Narbens günstig beeinflußt. Grundsätzlich sollte beim Arbeiten nach den Versuchen 23–26 die Faßgeschwindigkeit bei der Chromgerbung 9 U/Min. nicht überschreiten, da es im Hinblick auf eine gute Lederqualität viel günstiger ist, die Steigerung der Gerbtemperatur von 25 auf 40°C durch eine gesteuerte Aufheizung statt durch Reibung mittels höherer Umdrehungszahl des Fasses zu erreichen. Im Interesse eines glatten und festen Narbens sollte die Temperatur im Pickel 25°C und am Ende der Chromgerbung keinesfalls 40°C übersteigen. Ebenso hat sich beim Abstumpfen gerade bei der Herstellung von Zylinderkalbledern als vorteilhaft erwiesen, pH-Spitzen bei der Zugabe der Sodalösung zum Abstumpfen zu vermeiden, da auch eine nur kurzfristige pH-Steigerung auf pH 4,5–5 sich in erster Linie ungünstig auf die Narbenglätte und Narbenelastizität, daneben aber auch auf die Scheuerfestigkeit des Narbens auswirkt. Daher sollte grundsätzlich mittels automatischer pH-Steuerung ein bestimmter pH-Wert der Lösung eingestellt und durch kontinuierliches Zufließen der Sodalösung während der ganzen Chromgerbung konstant auf dieser Höhe gehalten werden. Eine Senkung des pH-Wertes von 3,8 auf 3,6 oder gar 3,4 läßt eine noch feinere Narbenbeschaffenheit, hellere Lederfarbe und bessere Narbenelastizität erreichen, was allerdings auf Kosten der Chromauszehrung geht, aber im

Hinblick auf eine bessere Narbenbeschaffenheit der Leder in Kauf genommen werden sollte.

4. Einfluß der Neutralisation, Nachgerbung und Fettung

Wir wiesen schon darauf hin, daß eine milde Neutralisation für die Qualität von Zylinderkalbleder von besonderer Bedeutung ist. Außerdem erhalten chromgare Zylinderkalbleder in der Praxis meist eine Nachgerbung mit weißgerbenden synthetischen Gerbstoffen. Warum gerade Weißgerbstoffe eingesetzt werden und eine möglichst helle Lederfarbe verlangt wird, die für die Qualität der Leder ganz belanglos ist, bleibt unerfindlich. Doch haben wir entsprechend diesem Brauch der Praxis schon bei den Versuchen der Abschnitte 2 und 3 eine solche Nachgerbung eingeschaltet, und es erschien zweckmäßig, auch über diesen Arbeitsprozeß einige Variationen durchzuführen.

Bei Durchführung der in diesem Abschnitt zu besprechenden Versuche erfolgten die Wasserwerkstattarbeiten wie bei den Versuchen des Abschnittes 3 so, daß die Hauptweiche auf enzymatischer Grundlage mit einer Weichdauer von $2\frac{1}{2}$ Stunden durchgeführt, der Äscherprozeß mittels Schwöde und verkürztem Weißkalkäscher nach Versuch 4 und die Entkälkung und Beize in der beschriebenen Normalarbeitsweise mit 1% Amonsulfat und 0,5% Oropan O bei einer Beizdauer von 1 Stunde vorgenommen wurde. Die Chromgerbung wurde nach der Normalarbeitsweise des Versuchs 14 mit Schwefelsäurepickel und klassischer Chromgerbung mit 1,5% Chromoxid durchgeführt. Nach der Gerbung kamen die Leder 48 Stunden auf den Bock, wurden ausgereckt, gebügelt und so gefalzt (siehe Abschnitt 5), daß die Stärke des Fertigleders unter Berücksichtigung der Tatsache, daß die Leder bei der Nachgerbung noch aufgingen, bei etwa 0,9 mm lag. Nach Bestimmung des Falzgewichtes, das für die Dosierung aller weiteren Chemikalien zugrunde gelegt wurde, wurde das Leder 30 Minuten mit Wasser von 30°C gespült und dann neutralisiert. Wir hatten ursprünglich mit 1,5% Natriumbikarbonat 2 Stunden gewalkt, dann aber diesen Einsatz nach der Menge auf 0,5% und nach der Einsatzdauer auf $\frac{1}{2}$ Stunde gesenkt. Für die Nachgerbung wurde als weißgerbender synthetischer Gerbstoff 10% effektiv Basyntan supra DLX Pulver eingesetzt. Neben diesen Normalarbeitsverfahren sollen nachstehend noch zwölf Variationen besprochen werden, obwohl die Gesamtzahl der Untersuchungen, die wir auf diesem Gebiet durchführten, wesentlich größer war.

Versuch 14: Normalverfahren

Neutralisation mit 0,5% Natriumbikarbonat während $\frac{1}{2}$ Stunde. Nachgerbung mit 150% Wasser und 10% (effektiv) Basyntan supra DLX-Pulver, in drei Anteilen im Abstand von je 30 Minuten zugeben. Gesamtdauer 3 Stunden. Dann spülen und fetten mit 1,5% sulfoniertem Klauenöl und 0,5% unsulfoniertem Klauenöl. Nach 45 Minuten war das Bad erschöpft, sonst wurden noch 0,5% Ameisensäure 1:10 zugegeben und noch weitere 15 Minuten gewalkt. Dann wurde 0,5% Liperminlicker O als kationischer Aufsatz nachgegeben und weitere 45 Minuten gewalkt. Das Lickerbad war bei allen Versuchen völlig ausgezehrt.

Versuch 27: Ohne Neutralisation

Durchführung wie bei Versuch 14, doch wurde ohne Neutralisation nach kurzem Spülen sofort mit der Nachgerbung begonnen.

Versuch 28: Neutralisation mit Neutrigan

Durchführung wie bei Versuch 14, doch wurde die Neutralisation mit 0,5% Neutrigan durchgeführt, ohne vorher zu spülen.

Versuch 29: Neutralisation mit Calciumformiat

Durchführung wie bei Versuch 14, doch wurde die Neutralisation mit 0,5% Calciumformiat vorgenommen.

Versuch 30: Neutralisation mit Calciumformiat und Bikarbonat

Durchführung wie bei Versuch 14, doch wurde zunächst mit 0,5% Calciumformiat neutralisiert und anschließend noch mit Natriumbikarbonat nachneutralisiert, wobei die Zugabe mit automatischer Steuerung so erfolgte, daß der pH-Wert der Lösung konstant auf 5,0 eingestellt blieb. Dauer der Nachneutralisation 30 Minuten.

Versuch 31: Ohne Nachgerbung

Durchführung wie bei Versuch 14, doch wurde auf die Nachgerbung mit Basyntan supra DLX-Pulver verzichtet.

Versuch 32: Nachgerbung mit 5%

Durchführung wie bei Versuch 14, doch wurden für die Nachgerbung nur 5% (effektiv) Basyntan supra DLX-Pulver eingesetzt.

Versuch 33: Nachgerbung mit 15%

Durchführung wie bei Versuch 14, doch wurden für die Nachgerbung 15% (effektiv) Basyntan supra DLX-Pulver eingesetzt.

Versuch 34: Nachgerbung mit Tanigan supra LH-Pulver

Durchführung wie bei Versuch 14, doch wurden statt Basyntan supra DLX 10% (effektiv) Tanigan supra LH-Pulver verwendet.

Versuch 35: Stufenweise Nachgerbung

Durchführung wie bei Versuch 14, doch wurden für die Nachgerbungen zunächst nur 7% Basyntan supra DLX verwendet und die restlichen 3% dem ausgezehrten Lickerbad zugegeben und dann noch eine weitere ½ Stunde gewalkt.

Versuch 36: Ohne kationischen Nachsatz

Durchführung wie bei Versuch 14, doch wurde bei der Fettung auf den kationischen Aufsatz verzichtet.

Versuch 37 und 38: Einsatz von Basyntan supra DLX-Pulver bzw. Tanigan supra LH als Hauptgerbung

Bei diesen Versuchen wurde auf eine Chromgerbung verzichtet und die weißgerbenden Gerbstoffe wurden zur Hauptgerbung verwendet. Nach dem Entkälken und Beizen wurde kurz gespült und ohne Zwischenschaltung eines Pickels 30% (effektiv) Basyntan supra DLX-Pulver (Versuch 37) bzw. Tanigan supra LH (Versuch 38) in drei Raten zugesetzt. Dabei wurde für die Durchgerbung eine Zeitspanne von 48 Stunden benötigt, die Leder waren stark geschrumpft. In der zweiten Serie wurde daher zunächst ein Pickel mit 100% Wasser von 20°C, 8% Kochsalz und 1% Ameisensäure 85%ig vorgeschaltet und die Hauptgerbung im frischen Bad mit je 25% (effektiv) der beiden Produkte während einer Dauer von 24 Stunden durchgeführt. Die Leder zeigten nur noch leichten Narbenzug, waren aber fester als die Leder der übrigen Versuche.

Auf eine *Neutralisation* kann nicht verzichtet werden, da sonst die Nachgerbung zu sehr in den Außenschichten des Leders erfolgt und neben einer Verminderung der Fettaufnahme nach den Werten in Tab. 9 auch die Festigkeitseigenschaften und insbesondere die Scheuerfestigkeit verschlechtert werden (Versuch 27). Zur Erreichung einer genügenden Narbenelastizität und Scheuerfestigkeit ist zu empfehlen, mit mild wirkenden Neutralisationsmitteln zu arbeiten und die Intensität der Neutralisation möglichst niedrig zu halten. Der pH-Wert des wässerigen Auszugs des Leders darf nicht unter 3,5 liegen, um eine vorzeitige Zerstörung des Leders, aber auch Schädigungen des Spinngutes zu vermeiden, er sollte aber auch nicht nennenswert über 4,0 liegen und vor allem sollte die schichtmäßige Neutralisation möglichst gleichmäßig sein. Dafür bieten sich insbesondere Neutrigan, Calcium- und Natriumformiat und Coriagen an, wobei schon nach unseren früheren Untersuchungen [11] Natriumformiat und Neutrigan eine weichere, geschmeidigere Lederbeschaffenheit bei höherer bleibender Verformung ergaben, während die Leder bei Calciumformiat und Coriagen im Griff etwas fester waren und eine geringere bleibende Dehnung zeigten. Die Versuche 28 und 29 bestätigten diese Feststellung hinsichtlich der Dehnung bei geringer Belastung und der Weichheit des Leders in vollem Umfang. Da der pH-Wert des wässerigen Lederauszugs bei ausschließlichem Einsatz mildwirkender Neutralisationsmittel dicht an der unteren Grenze lag, erschien zweckmäßig, noch eine Nachneutralisation mit Bikarbonat nachzuschalten, diese aber zur Erreichung eines glatten und genügend feinen und doch widerstandsfähigen Narbens durch automatische pH-Steuerung so zu lenken, daß der pH-Wert der Flotte konstant auf 5,0 eingestellt blieb (Versuch 30).

Eine *Nachgerbung* mit mildwirkenden synthetischen Gerbstoffen, zu denen die angewandten Weißgerbstoffe zählen, erwies sich als unbedingt zweckmäßig und erforderlich. Ohne eine solche Nachgerbung wird mit reiner Chromgerbung zwar ein Leder mit besonders guter Narbenglätte und hohen Festigkeitseigenschaften erhalten (Versuch 31), doch läßt sich eine gewisse Neigung zur Losnarbigkeit in den abfälligen Teilen nie ganz vermeiden, und außerdem war die Dehnung bei geringer Belastung zu hoch und insbesondere der Scheuerverlust ungünstig. Durch die Nachgerbung werden gerade diese beiden wichtigen Eigenschaften bei gleichzeitig genügender Narbenelastizität wesentlich verbessert, wobei der Einsatz von 10% (effektiv) günstiger als der von 5% zu bewerten ist (Versuch 14 gegen Versuch 32), während bei weiterer Mengensteigerung keine nennenswerte Verbesserung dieser Eigenschaften mehr erfolgt, dagegen leicht der Narben eine unerwünschte Vergröberung erfährt (Versuch 33). Selbstverständlich können an Stelle von Basyntan supra DLX-Pulver auch andere Weißgerbstoffe verwendet werden (Versuch 34). Das Verfahren, nur einen Teil des Weißgerbstoffes nach der Neutralisation einzusetzen und die restliche Gerbstoffmenge erst nach der Fettung zuzugeben, hat keine weitere Verbesserung der Ledereigenschaften erbracht (Versuch 35 gegen Versuch 14). Durch Weglassen des kationischen Aufsatzes wurde insbesondere der Scheuerverlust deutlich verbessert, ein Zeichen dafür, daß eine ausgesprochene Oberflächenfettung gerade im Hinblick auf diese Eigenschaft nicht erwünscht ist. Über die Gerbungen 37 und 38, bei denen au eine Chromgerbung verzichtet und ausschließlich mit synthetischen Weißgerbstoffen gegerbt wurde, sind nach den Werten der Tab. 9 keine weiteren kommentierenden Ausführungen zu machen, da diese Leder nicht den eingangs zitierten Anforderungen an Zylinderkalbleder entsprachen und vor allem der Narben zu grob und der Scheuerverlust ausgesprochen ungünstig war.

Über den *Fettungsprozeß* wurden im Rahmen dieser Arbeit keine weiteren Untersuchungen durchgeführt, da dieses Thema schon in anderem Zusammenhang ausführlich behandelt wurde und daher auf die dortigen Mitteilungen bezüglich des Verhaltens der verschiedenen handelsüblichen Fettungsmittel verwiesen werden kann [12]. Bei Zylinderkalbledern sind beim Fettungsprozeß insbesondere die folgenden Gesichtspunkte zu beachten:

1. Im Hinblick auf die gewünschte niedrige Dehnung bei geringer Belastung sollte der

Tab. 9 Verschiedene Neutralisations- und Nachgerbversuche

	14	27	28	29	30	31	32	33	34	35	36	37	38
% Mineralstoffe	3,8	3,5	3,8	3,4	3,4	3,7	3,8	3,7	3,8	3,8	3,8	1,2	1,4
% Cr_2O_3	2,7	2,7	2,7	2,8	2,8	2,7	3,0	2,5	2,7	2,7	2,7	–	–
% extrahierbares Fett	2,4	2,0	2,6	2,6	2,6	2,0	2,3	2,6	2,5	2,4	2,2	2,6	2,6
% gebundenes Fett	0,5	0,3	0,5	0,3	0,3	1,2	0,9	0,3	0,4	0,5	0,4	0,2	0,2
% freie Fettsäure	0,2	0,2	0,2	0,2	0,3	0,2	0,2	0,2	0,2	0,3	0,3	0,3	0,4
pH-Wert des wässerigen Auszugs	3,9	3,2	3,5	3,5	3,9	3,8	3,8	3,9	3,8	3,8	3,9	3,5	3,6
Narbenplatzen (kp/cm²)	216	198	208	204	209	239	222	209	214	215	216	198	199
Zugfestigkeit (kp/cm²)	225	205	217	213	216	259	234	216	224	227	225	206	209
% Dehnung bei 5 kp/cm²	14	12	17	14	13	17	15	14	15	13	13	12	11
10 kp/cm²	28	25	31	28	25	32	29	28	29	28	27	25	24
Dauerbiegefestigkeit (Flexometer)	alle 100000												
g Scheuerverlust 500 Umdrehungen	0,17	0,19	0,18	0,17	0,15	0,23	0,20	0,16	0,17	0,16	0,13	0,23	0,24
1000 Umdrehungen	0,38	0,41	0,33	0,33	0,30	0,43	0,39	0,38	0,37	0,37	0,34	0,45	0,47
1500 Umdrehungen	0,66	0,71	0,66	0,64	0,64	0,74	0,69	0,66	0,65	0,67	0,60	0,73	0,74
Narbenglätte	gut	gut	gut	gut	gut	sehr gut	gut	etwas grob	gut	gut	gut	etwas grob	etwas grob
Narbenfestigkeit	gut	gut	gut	gut	gut	etwas lose	gut	gut	gut	gut	gut	gut	gut
Narbenelastizität (Schlüsselprobe)	–	zu fest	zu weich	–	–	–	–	etwas fest	–	–	–	fest	fest

Fettgehalt nicht zu hoch liegen. Eine gute Geschmeidigkeit des Leders darf nicht mit besonders intensiver Fettung erreicht werden. Der Gehalt an extrahierbarem Fett sollte keinesfalls 5% übersteigen, zweckmäßigerweise sollte er niedriger liegen.

2. Da der Narben nicht zu weich sein darf, sich trocken anfühlen soll, und auch bei Erwärmung des Leders kein Fett austreten darf, sollten die Fettungsmittel möglichst tief ins Innere des Leders eindringen. Eine ausgesprochene Oberflächenfettung ist unbedingt zu vermeiden, zumal dadurch, wie schon Versuch 36 gezeigt hat, auch die Scheuerfestigkeit ungünstig beeinflußt wird. Daher hat sich schon bei der Neutralisation ein gutes Durchneutralisieren, aber auch eine stärkere Neutralisation der Oberflächenschichten (Versuch 30) empfohlen, und aus dem gleichen Grunde hat sich auch ein kationischer Aufsatz, der ja in erster Linie der Oberflächenfettung dient, nicht bewährt, da ohne ihn wesentlich bessere Werte hinsichtlich Scheuerfestigkeit erhalten werden.

3. Ein stärkeres Austreten von Fett aus dem Leder unter gleichzeitigem Einfluß von Druck und Wärme, aber auch unter dem Einfluß von fettsaugendem Spinnmaterial, wie es beispielsweise die Zellwolle darstellt, sollte unbedingt vermieden werden, da dadurch zwangsläufig eine Versprödung des Leders und ein vorzeitiges Zermürben des Fasergefüges, aber auch eine Verschmutzung des Spinngutes bewirkt wird. Daher sollten für die Fettung möglichst nur solche Fette verwendet werden, die in stärkerem Maße von der Ledersubstanz gebunden werden. Auf einzelne Produkte, die dieser Anforderung genügen, soll hier nicht weiter eingegangen werden, da bei unseren früheren Untersuchungen [12] ein umfangreiches Zahlenmaterial über die Fettbindung der verschiedenen handelsüblichen Fettungsmitteln mitgeteilt wurde und außerdem heute alle Lickerprodukte liefernden Firmen solche mit hohem Bindungsvermögen in ihrem Sortiment haben. Eine Mitverwendung von stärker sulfonierten Fetten ist unbedingt zu empfehlen, zumal die dadurch meist bewirkte erhöhte Wasserzügigkeit hier nicht von Nachteil ist, im Gegenteil im Hinblick auf die Vermeidung statischer Aufladung von Vorteil sein kann (siehe Abschnitt 6). Aus dem gleichen Grunde sollte auch keine oder eine nur geringe Mitverwendung von Mineralfetten erfolgen.

4. Um die helle Lederfarbe auch beim Gebrauch zu erhalten, sollten möglichst lichtechte Fette eingesetzt werden, die keine nachträgliche Vergilbung des Leders bewirken.

5. Es ist darauf zu achten, daß nur solche Fette eingesetzt werden, die keinen höheren Gehalt an freien Fettsäuren besitzen. Der Gehalt an freien Fettsäuren sollte im Leder 1,0% nicht übersteigen, da bei höheren Gehalten mit einem Angriff auf die Metallteile zu rechnen ist, mit denen die Hochverzugsriemchen in Verbindung kommen, wobei sich andererseits die dabei gelösten Eisenverbingungen wieder ungünstig auf die Haltbarkeit des Leders auswirken können.

5. Einfluß der mechanischen Zurichtung

Es war nicht die Aufgabe des vorliegenden Forschungsvorhabens, über den Einfluß der mechanischen Zurichtung auf die Eigenschaften des Zylinderkalbleders systematische Untersuchungen durchzuführen, doch wurden im Rahmen der vorgenommenen Untersuchungen auch nach dieser Richtung hin einige Erfahrungen gesammelt, über die als Ergänzung zu den Ausführungen der vorhergehenden Abschnitte kurz berichtet werden soll.

Das richtige *Falzen* ist für die Erreichung der Forderung nach einer möglichst gleichmäßigen Lederstärke mit einer Schwankung von höchstens ± 0,05 mm, möglichst aber ± 0,02 mm von ganz besonderer Bedeutung. Es muß vorwiegend im feuchten Zustand erfolgen. Durch ein Trockenfalzen kann man zwar noch eine Feinregulierung erreichen, aber es darf nicht in zu starkem Maße vorgenommen werden, sonst werden die Leder wesentlich weicher und die Dehnbarkeit unerwünscht erhöht. Beim Naßfalzen empfiehlt sich, nach dem Abwelken noch zu bügeln, da dann das Falzen wesentlich gleichmäßiger erfolgt.

Für den *Trockenprozeß* haben unsere Untersuchungen über den Vergleich der Klebetrocknung mit der normalen Spanntrocknung [17] wertvolle Hinweise ergeben, zumal für diese Untersuchungen zum großen Teil Kalbfelle verwendet wurden. Dabei hat sich gezeigt, daß die Klebetrocknung nicht zu empfehlen ist, da dadurch die Narbenfestigkeit bisweilen ungünstig beeinflußt wird und außerdem die Narbenelastizität leidet. Leder, die unter Spannung getrocknet wurden, besaßen nach dieser Richtung durchweg eine günstigere Beschaffenheit, wobei aber bei der Endtrocknung unter möglichst scharfen Trockenbedingungen gearbeitet werden sollte, um dadurch die Dehnbarkeit bei geringer Belastung und den Scheuerwiderstand günstig zu beeinflussen. Auch eine Vakuumtrocknung [18] halten wir insbesondere beim Nachtrocknen nach dem Stollvorgang zur Erreichung guter Narbenglätte und geringen Scheuerverlustes für zweckmäßig, namentlich wenn eine Trockenanlage zur Verfügung steht, bei der durch Gegenvakuum der Trockendruck den Anforderungen zur Erreichung einer genügenden Narbenelastizität sachgemäß angepaßt werden kann.

Bisweilen hat man Zylinderkalbleder abgebufft und mit weißpigmentierten *Binderdeckschichten* abgedeckt, um eine möglichst einheitliche und möglichst weiße Lederfarbe zu erreichen. Ganz abgesehen davon, daß dadurch die Gefahr einer elektrostatischen Aufladung wesentlich gesteigert wird (siehe Abschnitt 6), besteht auch die Gefahr vorzeitiger Versprödung, die sich in Rissebildung und schollenartigen Erhebungen auswirkt und dann ein Zerstören des Faservlieses bewirkt und zu Reklamationen Veranlassung gibt. Da die Forderung einer völlig einheitlichen und völlig weißen Oberflächenfärbung vom Qualitätsstandpunkt aus ungerechtfertigt ist, sollte man nach unseren Erfahrungen auf eine Deckfarbenschichtung bei Zylinderkalbledern überhaupt verzichten.

6. Elektrostatische Aufladung von Zylinderkalbledern

Auf die unangenehme Auswirkung einer elektrostatischen Aufladung der Hochverzugsriemchen in den Streckwerken wurde bereits an anderer Stelle hingewiesen, besonders wenn Zellwolle und synthetische Fasern verarbeitet werden, die ihrerseits besonders zu elektrostatischer Aufladung neigen. Die elektrostatische Aufladung entsteht durch Reibung zwischen Riemchen und Textilfasern und wenn sie eine gewisse Höhe annimmt, so wird dadurch die Trennung zwischen den Riemchen und dem Spinnmaterial und damit ein glattes Ablaufen des Textilvlieses verhindert, die Textilfasern wickeln sich vielmehr auf den Streckwerken auf, und durch dieses Wickelbildung wird der Arbeitsprozeß empfindlich gestört. Das Entstehen einer elektrostatischen Aufladung als solcher ist nicht zu vermeiden, entscheidend ist aber, ob die statische Elektrizität rasch zur Erde abgeleitet werden kann oder nicht. Haben die elektrostatisch aufgeladenen Körper nur ein geringes elektrisches Leitvermögen, so fließen die Ladungen nur sehr langsam ab, die Aufladung bleibt weitgehend bestehen, und damit sind die angeführten Nachteile unvermeidlich. Ob ein genügend rasches Ableiten der statischen Aufladung möglich ist, hängt einmal von den Klimaverhältnissen ab. Ist die Luftfeuchtigkeit des Raumes genügend hoch, so ist mit einer elektrostatischen Aufladung überhaupt nicht zu rechnen, und bei sachgemäßer Klimatisierung der Arbeitsräume ist daher eine Wickelbildung einwandfrei zu vermeiden.

Was das Leder anbetrifft, so kann auch Leder recht beträchtliche Aufladungen erreichen, doch unterscheidet es sich von den meisten Kunststoffen günstig durch die Fähigkeit, diese Ladung rasch abzuleiten. Die Möglichkeiten der Beeinflussung der Ableitung durch Variationen der Herstellungsverfahren sind allerdings nach unseren früheren Untersuchungen [13] bei der Herstellung von Zylinderkalbledern relativ gering. Die Gefahr elektrostatischer Aufladung ist allgemein bei pflanzlich gegerbten Ledern geringer als bei Chromleder, doch wird aus anderen Gründen meist Chromleder bzw. kombiniert gegerbtes Leder für diesen Verwendungszweck bevorzugt. Die Wasserwerkstattarbeiten beeinflussen im allgemeinen die Ladungsverhältnisse und die Leitfähigkeit des Leders nicht. Bei Chromleder ist zwar eindeutig ein Absinken der Neigung zur elektrostatischen Aufladung bzw. Verbesserung der Ableitung mit steigendem Chromoxidgehalt der Leder festzustellen, doch haben die in den vorhergehenden Abschnitten getroffenen Feststellungen gezeigt, daß mit steigendem Chromoxidgehalt eine Reihe anderer für Zylinderkalbleder wichtiger Eigenschaften ungünstig beeinflußt werden, so daß es unmöglich ist, lediglich wegen der verringerten Gefahr einer elektrostatischen Aufladung mit höherem Chromoxidgehalt zu arbeiten. Ein grundsätzlicher Einfluß von Maskierungsmitteln bei der Gerbung auf die Aufladung war aus unseren früheren Versuchen [13] nicht abzuleiten, und ebenso hat sich gezeigt, daß die Nachgerbung mit weißgerbenden synthetischen Gerbstoffen die Gefahr einer elektrostatischen Aufladung weder günstig noch ungünstig beeinflußt. Dagegen hat sich der Einsatz eines höheren Anteils an sulfonierten Fetten im angewandten Fettgemisch als günstig erwiesen und kann daher auch aus diesem Grunde unbedingt empfohlen werden. Andererseits wirken sich Deckschichten sehr häufig ungünstig auf die Ableitung der elektrostatischen Aufladung aus, so daß man bei der Herstellung chromgarer bzw. kombiniert gegerbter Zylinderkalbleder unbedingt auf eine solche Abdeckung verzichten sollte, zumal sie vom Qualitätsstandpunkt aus keineswegs erforderlich ist.

In diesem Zusammenhang sei auch darauf hingewiesen, daß die elektrostatische Aufladung durch eine echte antistatische Präparation des Leders stark vermindert werden kann, wobei allerdings die auf dem Textilgebiet bewährten Antistatika nicht ohne weiteres auf Leder übertragen werden können, da bei Leder ohne Zweifel andere Affinitätskräfte und Strukturverhältnisse vorliegen als bei synthetischen Fasern. Dagegen konnten aus einer großen Gruppe untersuchter Produkte einige Materialien ermittelt werden, die bei geeigneten Auftragsbedingungen bei Leder zuverlässig eine starke Verminderung der Gefahr elektrostatischer Aufladung bewirken. Das gilt bei den damals untersuchten Produkten [13] insbesondere vom Sebosan SWR (Stockhausen), den Produkten Amolan A konz., Seromin HS, Lipamin OK und Antistatin SM der BASF und dem Statexan AN von Bayer, doch sind inzwischen auch von anderen Firmen Produkte für die antistatische Behandlung von Leder herausgebracht worden. Da diese Produkte in erster Linie an der Oberfläche des Leders zur Verfügung stehen müssen, ergaben die Versuche, die Produkte im Faß in wäßriger Lösung einzuwalken, keine brauchbare Wirkung. Nur durch Bürstauftrag oder durch Besprühen der trockenen Leder mit Lösungen von genügender Konzentration (1–2% Trockensubstanz) kann eine befriedigende antistatische Wirkung erreicht werden.

III. Ölfestimprägnierung von Ledermanschetten

Ledermanschetten haben in der Hydraulik trotz der Entwicklung synthetischer Materialien durchaus ihren Platz behauptet. Leder ist auf Grund seiner auf der dreidimensionalen Verflechtung kollagener Fasern beruhenden natürlichen Strukturfestigkeit bei gleichzeitig vorzüglicher Elastizität für diese Zwecke ein ideales Material. Bei der Wasserhydraulik besitzen Ledermanschetten außerdem gegenüber solchen aus Kunststoffen den Vorteil, daß sie sich durch Quellung des Fasergefüges dem sich durch Verschleiß ergebenden veränderten Querschnitt des Kolbens und den Unebenheiten älterer Aggregate anpassen können, was bei homogenen Manschetten nicht der Fall ist. Nun ist die Hochdruckhydraulik aber immer mehr von der Wasser- zur Ölhydraulik übergegangen, und die bisherige Imprägnierung der Ledermanschetten mit Mischungen aus Stearin, Paraffin und höher schmelzenden Wachsen mit Schmelzpunkte von 40 bis 60°C, höchstens 80°C kann diesen Anforderungen oft nicht mehr genügen. Obwohl auch hier die Ergebnisse mit Ledermanschetten zum Teil noch durchaus befriedigen, treten doch in anderen Fällen Klagen über ein vorzeitiges Undichtwerden auf, weil die Imprägnierungsmittel namentlich bei höheren Temperaturen durch die Hydrauliköle gelöst werden und damit die Abdichtung vermindert wird. Wenn die Befunde nicht einheitlich sind, so dürfte das teils mit der unterschiedlichen Zusammensetzung der angewandten klassischen Imprägnierungsmischungen, vor allem aber auch mit den auftretenden Reibungstemperaturen zusammenhängen, die teils nicht über 40–50°C ansteigen, in anderen Fällen aber auch 80 bis maximal 100°C erreichen können, also Temperaturbereiche, wo die klassischen Mischungen bereits geschmolzen sind. Damit ergibt sich das Problem, ölfeste Imprägnierungen für Ledermanschetten zu erproben.

Das Problem ist nicht neuartig, und in den USA sind für diese Zwecke bereits Imprägnierungen mit Thiokolen für Ledermanschetten entwickelt und in größerem Umfang eingesetzt worden [19–24], und vor einigen Jahren wurden sie auch für ölfeste technische Handschuhe empfohlen [25]. Thiokole sind polymere Polysulfide in flüssiger Form, die durch Reaktion von niedermolekularen Alkyldihalogeniden $Cl(CH_2)_xCl$ mit Alkalipolysulfiden entstehen und sich in jeder beliebigen Molekülgröße herstellen lassen. Bei geeignetem Polymerisationsgrad liegen Flüssigkeiten von geringer Viscosität vor, die leicht in das Leder diffundieren und dort in Gegenwart geeigneter Katalysatoren wie Cumolhydroperoxid oder Metallsikkativen bei Raumtemperatur oder mäßig erhöhter Temperatur zu elastischen kautschukähnlichen Kunststoffen aushärten, die dann wasserfest und undurchlässig für Gase und Flüssigkeiten sind, von den meisten Lösungsmitteln, Treibstoffen, Ölen und Fetten nicht gelöst oder angegriffen werden und eine ausreichende Hitze- und Kältebeständigkeit von —50°C bis +150°C besitzen. Sie vermögen in Leder eine vollständige Porenschließung zu bewirken und es damit undurchlässig für die angeführten Stoffgruppen zu machen.

Daneben können auch andere Imprägnierungsmöglichkeiten in Betracht kommen. Hier sei einmal an die sog. Rycoimprägnierung gedacht, die Unter- und Oberleder weitgehend wasserdicht zu machen gestattet, allerdings mit starker Verminderung der Porosität, was aber im Falle der Manschetten nicht von Nachteil wäre. Auf Einzelheiten des Verfahrens kann hier nicht näher eingegangen werden, es soll nur so viel erwähnt werden, daß ungesättigte Öle wie Leinöl oder Rüböl und Schwefelchlorür miteinander in Reaktion gebracht werden und dabei im Leder kautschukähnliche Faktiseinlagerungen entstehen. Als dritte Möglichkeit sei an den Einsatz von Siliconen gedacht, und schließlich sollte auch auf die Verwendung von mehrfunktionellen Diisocyanaten verwiesen werden, auf deren Verwendung für die Imprägnierung von Leder für technische Zwecke schon EITEL 1953 aufmerksam gemacht hat [26]. Den durchgeführten Untersuchungen, über deren Ergebnisse nachstehend berichtet werden soll, war also die Aufgabe gestellt, die angeführten Imprägnierungsmittel vergleichsweise auf ihre Einsatzmöglichkeit für die Ölfestimprägnierung von Ledermanschetten zu prüfen.

1. Laboratoriumsmäßige Prüfungen

Für die durchgeführten laboratoriumsmäßigen Untersuchungen wurden handelsübliche chromgare und lohgare Manschettenleder von etwa 5 mm Stärke verwendet, von denen das lohgare Leder einen Fettgehalt von etwa 3 bis 4%, das chromgare von 6 bis 7% aufwies. Die Leder wurden nach folgenden Verfahren imprägniert:

1. Thiokol-Imprägnierungen [27]

Hier wurden 3 Verfahren zur Anwendung gebracht:

a) mit Kobalt-Sikkativ-Härtung. Das Leder wird zunächst im Vorbad in eine (auf Metall berechnet) 2%ige Kobalthexogen [27] Lösung in Methyläthylketon getaucht. Nach 10 Minuten wird es 3 Stunden bei 60°C getrocknet und dann in das eigentliche Imprägnierungsbad aus unverdünnten Thiokolen bei 65°C eingehängt, bis sich die Poren vollständig gefüllt haben, was in etwa 3 Stunden erreicht ist. Die Leder werden dann auf der Oberfläche gut abgewischt und zur Aushärtung 2 Tage bei 50°C gelagert.

b) mit Blei-Sikkativ-Schwefel-Härtung. Das Leder wird in einer 20%igen Blei-Sikkativ-Lösung [27] in Methyläthylketon während 10 Minuten Tauchzeit vorimprägniert und dann wie bei der Kobalt-Sikkativ-Vorimprägnierung 3 Stunden bei 60°C getrocknet. Die Hauptimprägnierung erfolgt in einem Bad, in dem 100 Teile Thiokol auf 70°C erhitzt werden und dann 5 Teile Schwefel unter ständigem Rühren langsam zugegeben werden und so lange gerührt wird, bis der Schwefel völlig aufgelöst ist. Nach Abkühlen auf Zimmertemperatur wird das vorbehandelte Leder 5 Stunden in dieses Bad getaucht, dann auf der Oberfläche gründlich abgewischt und zur Aushärtung 16 Stunden bei 60°C gelagert.

c) mit Cumolhydroperoxyd-Härtung. Diese Härtung wird nur bei dem viskosen Thiokol LP 2 verwendet, das mit Lösungsmitteln verdünnt eingesetzt wird. Das Cumolhydroperoxid wird in Verbindung mit einem Amin (z. B. Diphenylguanidin) verwendet, wobei das letztere die Härtung beschleunigt und gleichzeitig zur Neutralisation evtl. sich bildender organischer Säuren dient. Das Vorimprägnierungsbad besteht aus 2 Teilen Diphenylguanidin [27] und 98 Teilen Methyläthylketon. Nach einer Tauchdauer von 10 Minuten wird das Leder 2 Stunden bei 65°C getrocknet und dann 5 Stunden in das Imprägnierungsbad eingehängt, das aus 100 Teilen Thiokol LP 2, 100 Teilen eines Gemisches aus dem gleichen Anteil Methyläthylketon und Toluol, 6 Teilen Cumolhydroperoxid 70%ig und 5 Teilen Propylenoxid [27] besteht. Danach erfolgt die Härtung nach gründlichem Abwischen der Oberfläche des Leders durch Lagerung bei Raumtemperatur während 48 Stunden.

Die Imprägnierung wurde mit 3 Thiokolen durchgeführt, den Produkten LP 2, LP 3 und LP 8. Nur die beiden letzteren sind genügend kleinteilig und niedrigviskos, um ohne Verdünnung verwendet zu werden. Sie wurden mit den Verfahren a) und b) zum Einsatz gebracht, das LP 2 dagegen wegen seiner höheren Viskosität in verdünnter Form mit dem Verfahren c). Bei diesen insgeamt fünf Imprägnierungen wurden noch einige zusätzliche Variationen eingeschaltet. Bei dem Verfahren a) wurde die Dauer der Hauptimprägnierung von 3 Stunden auf 1 Stunde vermindert, bei dem Verfahren b) von 5 Stunden auf 2 Stunden und bei dem Verfahren c) wurde die Lösungsmittelmenge bei der Hauptimprägnierung von 100 Teilen auf 200 Teile Methyläthylketon-Toluol (1 : 1) erhöht.

2. Rycoimprägnierung

Wie bereits eingangs erwähnt, handelt es sich hierbei um ein in Schweden entwickeltes Imprägnierungsverfahren. Es kann hier aus patentrechtlichen Gründen nicht auf Einzelheiten eingegangen, sondern nur so viel angegeben werden, daß die beiden Komponenten Leinöl bzw. Rüböl und Schwefelchlorür erst unmittelbar vor der Imprägnierung in geeignetem Lösungsmittel gelöst werden und die Imprägnierung dann im Tauchverfahren erfolgt, bis keine Luftblasen mehr aufsteigen. Dann werden die Leder sorgfältig auf der Oberfläche abgewischt und das Leder einige Tage bei Zimmertemperatur gelagert, wobei die Bildung einer kautschukartigen Faktis innerhalb der Lederporen erfolgt. Anschließend muß in einem Neutralisationsbad die sich bei dieser Kondensation abspaltende Salzsäure neutralisiert werden. In einem weiteren Versuch wurde geprüft, ob das Ergebnis verbessert werden kann, wenn die Tauchimprägnierung mit Zwischenlagerung zweimal wiederholt, also dreimal durchgeführt wird, wobei die Neutralisation natürlich nur am Ende der letzten Imprägnierung und Aushärtung vorgenommen wird.

3. Silicon-Imprägnierung

Es lag uns daran, eine gute Durchimprägnierung mit Siliconen zu erreichen. Dafür schlug uns die Wacker-Chemie-GmbH, München, aus ihrem Sortiment das Silicon WL 12 vor. Die Imprägnierung erfolgte so, daß das Leder einmal in das unverdünnte Produkt eingetaucht wurde, während im zweiten Versuch das Produkt 1:1 mit Benzin verdünnt wurde.

4. Imprägnierung mit Desmophen

Das zu imprägnierende Leder wurde in eine Mischung von 100 Teilen Desmophen 2200 W, 40 Teilen Benzol und 20 Teilen Baygenhärter eingetaucht. In einem zweiten Versuch wurde die Lösungsmittelmenge von 40 Teilen auf 100 Teile erhöht.

An eine sachgemäße Imprägnierung von Ledern für Hochdruckmanschetten wird die Forderung gestellt, daß

1. die imprägnierten Leder eine genügende Standfestigkeit aufweisen, also nicht zu weich werden dürfen;
2. die Imprägnierung keine Oberflächen-Imprägnierung ist, sondern auch bei einer Lederstärke von 6 bis 7 mm eine möglichst gute Tiefenwirkung erreicht wird;
3. die Imprägnierung eine völlige Wasserdichtigkeit gewährleistet;
4. die Imprägnierung ölbeständig ist, also nicht durch Benzin, Benzol, höhere Kohlenwasserstoffe oder halogenierte Kohlenwasserstoffe herausgelöst wird;
5. die Imprägnierung eine gute Temperaturbeständigkeit im Bereich von $-20°C$ bis $+120°C$ besitzt, die Imprägnierungsstoffe also insbesondere bei höheren Temperaturen sich nicht verflüssigen und aus dem Leder austreten;
6. die Imprägnierungsmittel keine Beschädigung des Leders bewirken und keine metallschädigenden Bestandteile enthalten.

Die Forderung 5 ist bei der Auswahl der Imprägnierungsmittel wohl von vornherein gewährleistet. Das gleiche gilt für die Forderung unter 6, wobei allerdings bei der Rycoimprägnierung nochmals auf eine gute Neutralisation nach der Imprägnierung hingewiesen sei. Alle nach den verschiedenen Verfahren imprägnierten Leder weisen pH-Werte zwischen 3,7 und 5,0 auf, so daß Schädigungen durch saure Bestandteile im Leder nicht zu befürchten waren. Die Forderung 2 nach einer möglichst guten Tiefenwirkung dürfte graduell unterschiedlich durch alle Verfahren erreicht werden. Eine reine Oberflächenimprägnierung wird ja dadurch vermieden, daß in allen Fällen die Oberfläche des Leders nach der Hauptimprägnierung vor dem Aushärten gut von der anhaftenden Imprägnierungslösung durch Abwischen befreit wird. Ob die Forderung der Punkte 1, 3 und 4 durch die verschiedenen Imprägnierungen erreicht wird, mußte durch entsprechende Untersuchungen festgestellt werden. Alle Leder wurden daher nach entsprechender mehrtägiger Lagerung eingehend untersucht, die dabei erhaltenen Ergebnisse sind in Tab. 10 zusammengestellt. Dabei wurde durch Gewichtszunahme ermittelt, welche Mengen an Imprägnierungsmitteln unter den jeweiligen Imprägnierungsbedingungen im Leder abgelagert sind. Zum anderen wurde die Wasseraufnahme nach KUBELKA nach verschiedenen Zeiten bestimmt. Als dritte Untersuchung erfolgte die Ermittlung der Wasserdichtigkeit nach der bekannten Methode von STATHER und HERFELD, wobei hier allerdings jeweils der Druck angegeben ist, bei dem ein Durchtreten von Wasser durch das Leder festzustellen war. Schließlich wurden die Leder hinsichtlich Luftdurchlässigkeit nach der Methode BERGMANN untersucht.

Zwischen den verschiedenen Imprägnierungen ergaben sich in der äußeren Beschaffenheit der Leder und in den ermittelten physikalischen Eigenschaften graduelle Unterschiede, die nachfolgend diskutiert werden sollen.

1. Bei den Imprägnierungen mit den Thiokolen LP 3 und LP 8 nach der Methode a) waren schon in der äußeren Beschaffenheit der Leder erhebliche Unterschiede festzustellen. Die lohgaren Leder waren wesentlich verhärtet und teilweise brüchig, die chromgaren Leder zeigten dagegen eine einwandfreie äußere Beschaffenheit. In allen Fällen war unabhängig von den getroffenen Variationen eine innerhalb der Versuchsgrenzen einwandfreie Wasserdichtigkeit und eine völlige Luftundurchlässigkeit erreicht worden. Die Werte für die Gewichtszunahme und für die Wasseraufnahme zeigen, daß eine Zeitspanne von 1 Stunde für die Hauptimprägnierung nicht ausreicht, um eine genügende Einlagerung zu erreichen und daß demgemäß bei diesen Ledern noch eine beträchtliche Wasseraufnahme festzustellen war, so daß wir die Imprägnierungsdauer von 3 Stunden für unbedingt erforderlich halten, wobei dann bei beiden Produkten die mengenmäßige Aufnahme bei dem chromgaren Leder erheblich höher als bei dem lohgaren Leder lag. Die Tatsache, daß auch dann noch – wie bei allen anderen Versuchen – bei guter Wasser- und Luftdichtigkeit eine gewisse Wasseraufnahme erhalten bleibt, möchten wir als Vorteil werten, da damit zugleich auch ein gewisses Quellvermögen bestehenbleibt. Ein solches Quellvermögen ist aber – wie bereits eingangs dieser Arbeit erläutert wurde – im Hinblick auf die Formanpassung der Manschetten an veränderte Querschnitte und Unebenheiten in älteren Aggregaten als Vorteil zu werten. Zwischen den beiden Produkten LP 3 und LP 8 sind insbesondere bei einer Imprägnierungsdauer von 3 Stunden in Aufnahme und Eigenschaften nur geringfügige Unterschiede festzustellen.

2. Bei den Imprägnierungen mit den Thiokolen LP 3 und LP 8 nach der Methode b) war die äußere Beschaffenheit bei beiden Lederarten nicht befriedigend. Bei den lohgaren Ledern war zwar keine Brüchigkeit vorhanden und auch der Grad der Verfestigung war geringer als bei der Methode a), doch zeigten die Leder eine wesentlich stärkere Klebrigkeit der Oberfläche, die unerwünscht ist. Die chromgaren Leder waren dagegen wesentlich weicher als bei der Methode a), was ebenfalls als Nachteil gewertet werden muß. Bezüglich der physikalischen Eigenschaften konnte eine genügende Wasserdichtigkeit nur bei einer Imprägnierungsdauer von 5 Stunden gewährleistet werden, aber auch dann war die mengenmäßige Aufnahme der Thiokole unter gleichen Bedingungen erheblich geringer als bei der Methode a) und die Werte für die Wasseraufnahme teil-

Tab. 10 Untersuchung der imprägnierten Leder

Art der Imprägnierung	Variationen	Lohgares Leder						Chromgares Leder					
		% Gew.-zunahme	% Wasseraufnahme ½	2	Std. 24	atü	Luftdurchlässigkeit	% Gew.-zunahme	% Wasseraufnahme ½	2	Std. 24	atü	Luftdurchlässigkeit
Thiokol LP 3 Methode a	3 Std. 1 Std.	62 23	7 26	10 35	15 39	>5,0 >5,0	0 0	96 23	3 4	7 9	19 24	>5,0 >5,0	0 0
Thiokol LP 8 Methode a	3 Std. 1 Std.	68 37	4 20	6 25	12 28	>5,0 >5,0	0 0	97 32	3 6	5 11	11 31	>5,0 >5,0	0 0
Thiokol LP 3 Methode b	5 Std. 2 Std.	48 25	18 20	22 24	28 31	>5,0 3,2	0 0	45 35	3 10	7 20	17 47	>5,0 >5,0	0 0
Thiokol LP 8 Methode b	5 Std. 2 Std.	38 24	3 10	5 31	11 36	>5,0 >5,0	0 0	46 23	4 5	8 11	19 39	>5,0 2,4	0 0
Thiokol LP 2 Methode c	100 T Lösungsmittel 26 200 T Lösungsmittel 21		23 26	29 33	33 39	>5,0 4,3	0 0	33 25	5 9	9 16	23 30	>5,0 2,6	0 0
Rycoimprägnierung 3 X 1 X		50 22	5 10	8 19	21 37	1,9 1,2	0 0	47 31	5 8	9 15	25 40	2,6 2,2	0 0
Silikon WL 12	unverdünnt 1:1	22 17	4 3	7 17	19 19	2,4 2,1	0 0	23 15	7 5	13 10	29 26	2,5 2,6	0 0
Desmophen	40 T Lösungsmittel 34 100 T Lösungsmittel 23		17 16	24 26	33 41	>5,0 1,3	0 0	33 27	6 8	17 20	34 48	>5,0 >5,0	0 0
unbehandelt	–	–	56/72	59/78	64/85	0,3/0,8	400/600	–	15/26	30/48	60/77	0,9/1,5	24/47

weise höher. Dabei verhielt sich LP 8 gerade hinsichtlich der Verminderung der Wasseraufnahme bei lohgaren Ledern günstiger als das Thiokol LP 3, aber insgesamt mußten die Leder sowohl nach dem Imprägnierungseffekt wie nach ihrer äußeren Beschaffenheit bei Verwendungen der Methode b) ungünstiger bewertet werden als bei der Methode a), so daß wir für die Großversuche diese Methode ausschieden.

3. Bei der Imprägnierung mit Thiokol LP 2 nach der Methode c) war wieder bei den lohgaren Ledern eine starke Verhärtung und gewisse Brüchigkeit festzustellen, während die äußere Beschaffenheit der Chromleder einwandfrei war. Die Menge aufgenommenen Thiokols lag erheblich niedriger als bei den anderen Methoden, was ohne Zweifel mit der höheren Viskosität dieser Thiokol-Type zusammenhängt, die auch durch Anwendung in gelöster Form nicht völlig ausgeglichen werden kann. Um eine genügende Wasserdichtigkeit zu erreichen, darf die angewandte Lösungsmenge nicht über 100 Teile gesteigert werden, da sonst schon bei geringeren Drucken ein Druchtreten von Wasser festzustellen war. Aber auch bei 100 Teilen lag die Wasseraufnahme dieser Imprägnierung erheblich höher als bei den vorgenannten Arbeitsverfahren. Trotzdem haben wir dieses Verfahren mit in den Hauptversuch genommen, weil wir eine Imprägnierung auch mit dem Thiokol LP 2 erproben wollten, obwohl nach den laboratoriumsmäßigen Versuchen nicht die gleichen Ergenisse wie bei den Ledern, die mit Thiokol LP 3 und LP 8 nach der Methode a) imprägniert wurden, zu erwarten waren.

4. Die Imprägnierungsversuche mit der Ryco-Methode waren unbefriedigend. Zwar konnte durch dreimaliges Imprägnieren eine graduale Verbesserung erreicht werden, aber in allen Fällen war die Wasserdichtigkeit nicht befriedigend. Außerdem zeigten die Leder stets eine etwas klebrige Oberflächenbeschaffenheit, und schließlich war die Durchführung des Verfahrens durch die einzuschaltende Neutralisation wesentlich umständlicher als die der erstgenannten Methoden. Daher haben wir dieses Verfahren für die weiteren Versuche ausgeschaltet.

5. Das gleiche gilt für die Imprägnierung mit Silicon WL 12, da auch hier die Verbesserung der Wasserdichtigkeit völlig unzureichend war, was ohne Zweifel auch mit den verhältnismäßig geringen Mengenaufnahmen der Imprägnierungsstoffe zusammenhängt. Die Unterschiede bei unverdünnter und verdünnter Anwendung des Produktes sind verhältnismäßig gering und konnten die grundsätzlichen Feststellungen nicht entscheidend verändern, so daß demgemäß auch diese Imprägnierung für den Großversuch ausgeschieden wurde.

6. Bei der Imprägnierung mit Desmophen wurde, wenn man die Lösungsmittelmenge möglichst niedrig hält, insofern ein einwandfreies Verhalten erreicht, als bei der Prüfung auf Wasserdichtigkeit ein Druck von 5 atü eingehalten und außerdem eine einwandfreie Luftdichtigkeit erreicht wurde. Allerdings ist die Menge aufgenommenen Imprägnierungsmittels wesentlich geringer als bei den Thiokolversuchen – insbesondere nach der Methode a) –, und auch die verbleibende Wasseraufnahme liegt wesentlich höher. Das Verfahren ist in der Wirkung auf die physikalischen Daten etwa mit der Imprägnierung mit Thiokol LP 2 nach der Methode c) gleichzusetzen.

Auf Grund der erläuterten Feststellungen haben wir zunächst davon Abstand genommen, weitere Untersuchungen mit pflanzlich gegerbtem Leder durchzuführen, da uns die äußere Beschaffenheit dieser Leder in allen Fällen nicht befriedigte. Teilweise waren die Leder durch die Imprägnierung zu hart geworden und zeigten eine Narbenbrüchigkeit, die sich häufig bei einiger Lagerung noch verstärkte. Zum anderen war die Gefahr einer klebrigen Oberfläche hier in viel größerem Umfang vorhanden. Da außerdem bei der Hochdruckhydraulik mit höheren Temperaturen zu rechnen ist, erschien es zweckmäßig, alle weiteren Versuche nur noch unter Verwendung von chromgarem Leder durchzuführen, das nach der Gerbung gut neutralisiert und ausgewaschen sein muß und nur einen leichten Lickerprozeß erfahren haben sollte. Folgende vier Verfahren wurden für die weiteren Untersuchungen ausgewählt, da sie uns nach den bisherigen Untersuchungen für die Ölfestimprägnierung von Ledermanschetten als am geeignetsten erschienen.

1. Imprägnierung mit Thiokol LP 3 nach Verfahren a), also mit einer Kobalt–Sikkativ-Härtung und 3 Stunden Dauer für die Hauptimprägnierung.
2. Imprägnierung mit Thiokol LP 8 nach Verfahren a), also mit einer Kobalt–Sikkativ-Härtung und 3 Stunden Dauer für die Hauptimprägnierung.
3. Imprägnierung mit Thiokol LP 2 nach Verfahren c), also unter Verwendung einer Cumolhydroperoxid-Härtung in Verbindung mit Diphenylguanidin unter Einsatz von 100 Teilen Lösungsmitteln bei der Hauptimprägnierung.
4. Imprägnierung auf der Basis von Desmophen mit 40 Teilen Lösungsmittel.

Mit den so imprägnierten Ledern haben wir noch Lagerversuche in verschiedenen Hydraulikölen durchgeführt. Hydrauliköle sind in der Praxis von stark unterschiedlicher Beschaffenheit. Bisweilen werden Maschinenöle oder Motorenöle gewünschter Viscosität verwendet, doch gibt es daneben auch zahlreiche Spezialöle, die sich in der chemischen Beschaffenheit und insbesondere der Art der beigemischten Additive stark unterscheiden. Wir haben für unsere Lagerversuche zwölf der bekanntesten handelsüblichen Hydrauliköle herangezogen und die imprägnierten Leder darin einen Monat bei 35°C gelagert, nach Auftrocknen wieder hinsichtlich Wasser- und Luftdichtigkeit geprüft und die Werte mit den entsprechenden Daten der nicht mit den Hydraulikölen behandelten Proben verglichen. Dabei haben wir bezüglich der Luftdichtigkeit keine Unterschiede festgestellt, alle Leder ergaben nach wie vor den Wert 0. Alle Proben der Thiokolimprägnierungen haben auch in der Wasserdichtigkeit keine oder nur geringfügige Änderungen ergeben. Etwas stärker war die Abnahme dagegen bei den Ledern, die mit Desmophen imprägniert wurden. Obwohl das als Nachteil gewertet werden muß, haben wir auch diese Leder für die Großversuche noch herangezogen.

2. Erprobung im Großversuch

Nachdem die laboratoriumsmäßigen Prüfungen abgeschlossen waren, galt es, zur weiteren Erprobung entsprechende Großversuche durchzuführen. Bei den Laborversuchen konnte nur mit Drucken bis zu 5 atü gearbeitet werden, während bei der praktischen Anwendung höhere Drucke von 300 atü und mehr und gleichzeitig höhere Temperaturen bis zu 60°C, evtl. bis 100°C in Betracht kommen können. Diese Großversuche, bei denen mit höheren Drucken und höheren Temperaturen gearbeitet wurde, wurden in Zusammenarbeit mit der Bundesanstalt für Materialprüfung, Berlin-Dahlem (Dr. K. SCHMIDT), vorgenommen [28]. Für die durchgeführten Untersuchungen wurden drei Typen chromgarer Manschetten verwendet.

1. Zum Vergleich wurde mit verschiedenen Fabrikaten von Manschetten gearbeitet, die mit handelsüblichen herkömmlichen Imprägnierungsmitteln, also einem Gemisch von Fetten und Wachsen, behandelt worden waren. Dabei ergaben sich schon bei der Standprüfung Schwierigkeiten, wenn mit einer Anfangstemperatur von 80°C gearbeitet wurde. Der Prüfdruck sank dann innerhalb von wenigen Minuten auf 0 ab, da bei diesen Temperaturen das Imprägnierungsgemisch sich verflüssigt und dann durch den Druck rasch aus dem Leder herausgepreßt wird. Die gleiche Manschettentype hielt den Druck von 300 kp/cm^2 über 90 Minuten aus, wenn bei normaler Temperatur gearbeitet wurde. Dieser Vergleich zeigte, welch hohen Einfluß die Temperatur auf die Ergebnisse besitzt, wenn stark temperaturabhängige Imprägnierungsmittel verwendet

werden. Aber auch bei normaler Temperatur wird bei klassischen Imprägnierungsmitteln die Aufhebung des Imprägnierungseffektes nur verzögert, nicht ausgeschlossen. Wir haben daher bei bewegter Kolbenstange die Versuche auch im Temperaturbereich zwischen 28 und 30°C durchgeführt, und auch in diesen Fällen war jeweils nach etwa 30 Minuten ein Absinken des Druckes von ursprünglich 400 kp/cm² auf 0 festzustellen. Bei anderen Fabrikaten ergaben sich in der Zeit gewisse Schwankungen, aber in allen Fällen war dieses rasche Absinken des Druckes bei den klassischen Imprägnierungen festzustellen, so daß damit die für diese Arbeit gültige Ausgangssituation nochmals bestätigt wird, daß bei der Ölhydraulik, wenn bei höheren Drucken und insbesondere bei gleichzeitig höheren Temperaturen gearbeitet wird, klassisch imprägnierte Ledermanschetten nicht geeignet sind.

2. Es ergab sich die Frage, ob unter Umständen bereits eine entscheidende Verbesserung erreichbar sei, wenn man Manschetten, die zunächst eine klassische Imprägnierung erfahren hatten, anschließend mit den vier von uns ausgewählten Ölfestimprägnierungen nachbehandelte. Diese Versuche wurden auf Wunsch der Manschetten herstellenden Firmen eingeschaltet, weil bei positiven Ergebnissen Normalmanschetten und ölfestimprägnierte Manschetten zunächst in gleicher Weise hergestellt werden könnten und je nach Bedarf am Schluß nur noch eine Ölfestimprägnierung aufgesetzt werden müßte. Bei der Standardprüfung dieser Manschetten sank der Druck von ursprünglich 300 kp/cm² nach 8 Stunden

a) auf 270 kp/cm² ab, wenn die Nachimprägnierung mit Thiokol LP 3 nach der Methode a) durchgeführt wurde;
b) auf 265 kp/cm² ab, wenn die Nachimprägnierung mit Thiokol LP 8 nach der Methode a) vorgenommen wurde;
c) auf 145 kp/cm² ab, wenn die Nachimprägnierung mit Thiokol LP 2 nach Methode c) vorgenommen wurde;
d) auf 235 kp/cm² ab, wenn die Nachimprägnierung mit Desmophen vorgenommen wurde.

Bei der Untersuchung mit bewegter Kolbenstange wurden die Untersuchungen im Temperaturbereich bis zu 50–60°C durchgeführt. Dabei ergaben sich bei den einzelnen Druckphasen die folgenden Werte:

a) kein Absinken des Druckes innerhalb der Druckphase, wenn Manschetten verwendet wurden, die mit Thiokol LP 3 nach Methode a) imprägniert wurden;
b) Absinken auf 400 bzw. 390 bzw. 310 kp/cm², wenn die Imprägnierung mit Thiokol LP 8 nach Methode a) vorgenommen wurde;
c) Absinken auf 290 bzw. 308 bzw. 300 kp/cm², wenn die Nachimprägnierung mit Thiokol LP 2 nach der Methode c) vorgenommen wurde;
d) Absinken auf 390 bzw. 265 bzw. 210 kp/cm², wenn die Imprägnierung mit Desmodur erfolgte.

Diese Feststellungen zeigen demgemäß, daß schon durch eine Nachimprägnierung von klassisch imprägnierten Manschetten eine wesentliche Verbesserung der Ölfestigkeit erreicht werden kann. Dabei hat sich der Einsatz von Thiokol LP 3 nach der Methode a) als am günstigsten erwiesen. Der Einsatz von LP 8 nach der gleichen Methode ist nur wenig ungünstiger zu bewerten, während sich die mit LP 2 nach der Methode c und mit Desmophen imprägnierten Manschetten entscheidend ungünstiger verhielten.

3. Im Anschluß an die beschriebenen Versuche wurden Untersuchungen mit Manschetten vorgenommen, die nur eine Ölfestimprägnierung auf dem zuvor unimprägnierten Chromleder erfahren hatten. Dabei ergaben sich allerdings insofern gewisse Schwierig-

keiten, als die Manschetten während der Lagerung zwischen der Verformung und dem Einsatz gewisser Formveränderungen erfuhren, wodurch der Durchmesser sich um 5 mm steigerte. Die mit reiner Ölfestimprägnierung behandelten Manschetten dehnten sich also nach der Formgebung wieder etwas aus, obwohl sie in der gleichen Form gepreßt worden waren, sie hatten daher einen größeren Durchmesser als gefordert, was den Einbau erschwerte bzw. unmöglich machte. Man wird also hier andere Wege gehen müssen, um diese Schwierigkeiten zu beheben.

1. Es erscheint bei einer Ölfestimprägnierung grundsätzlich zweckmäßig, die chromgaren Manschettenleder ihrer Struktur nach von Haus aus standfester herzustellen, d. h. einen geringeren Aufschluß des Fasergefüges vorzunehmen und auch die Lickerfettung auf ein Minimum zu beschränken, um den weicher machenden Effekt der Ölfestimprägnierung möglichst aufzufangen.

2. Man wird die leichte Zunahme im Durchmesser der Manschetten bei der Preßtechnik berücksichtigen und damit das Pressen über Formen vornehmen müssen, die etwas kleiner ausgewählt sind, so daß die Manschetten nach dem Wiederausdehnen die richtige Form besitzen.

3. Bei unseren Versuchen haben wir uns so beholfen, daß wir die Manschetten erneut formten und dann kurz in heißes Stearin von 58°C eintauchten, also eine klassische Imprägnierung nachsetzten, um den Manschetten den genügenden Stand zu geben. Mit diesen Manschetten sank bei der Standprüfung der Druck von 300 kp/cm² innerhalb von 8 Stunden

a) und b) auf 280 kp/cm² ab, wenn die Imprägnierung mit Thiokol LP 3 oder LP 8 nach der Methode a) vorgenommen wurde,

c) auf 130 kp/cm² ab, wenn die Imprägnierung mit Thiokol LP 2 nach der Methode c) vorgenommen wurde,

d) war schon nach 30 Minuten der Druck auf 0 abgesunken, wenn die Imprägnierung mit Desmophen erfolgte.

In Übereinstimmung damit war bei den praktischen Prüfungen bei bewegter Kolbenstange in den verschiedenen Druckperioden ein Absinken von 400 kp/cm² auf 390 bzw. 370 bzw. 350 kp/cm² festzustellen, wenn die Imprägnierung mit Thiokol LP 3 und LP 8 nach der Methode a) erfolgte. Der Druck sank auf 275 bzw. 270 bzw. 270 kp/cm² ab bei den Manschetten, die eine Imprägnierung mit Thiokol LP 2 nach Methode c) erfahren hatten, während bei den Manschetten, die ausschließlich mit Desmophen imprägniert worden waren, jeweils schon nach 13–14 Minuten der Druck auf 0 abgesunken war.

Insgesamt kann also auch hier festgestellt werden, daß es nach dem Ergebnis der praktischen Versuche einwandfrei möglich ist, ölfest imprägnierte Manschetten herzustellen, wobei sich die Imprägnierung mit den beiden Thiokolen LP 3 bzw. LP 8 nach der Methode a) als einwandfrei wirksam erwiesen hat.

3. Ölfeste Oberflächenimprägnierung mit Siliconen

Bei den in den vorstehenden Abschnitten beschriebenen Ölfestimprägnierungen war von der Forderung ausgegangen worden, daß die Imprägnierung keine Oberflächenimprägnierung sein sollte, sondern eine gute Tiefenwirkung besitzen müsse. Bei einer Studienreise in die USA wurde indessen festgestellt, daß unter Umständen schon eine ölfeste Oberflächenimprägnierung ausreichen kann, und daß zu diesem Zweck in den USA vielfach eine Siliconimprägnierung verwendet wird, weil bei Siliconen die Gefahr einer klebrigen Oberfläche am geringsten ausgeprägt sei. Wir haben daher auch nach dieser Richtung hin als Abschluß unserer Untersuchungen einige Tastversuche durchgeführt, wobei natürlich unter der Gruppe der verfügbaren Silicone eine feste Type, ein sog. Silicongummi, ausgewählt werden muß, der in organischen Lösungsmitteln (Toluol) mit Härter zur Anwendung kam. Die Wacker-Chemie-GmbH hat uns zu diesem Zweck ihre Type WL 22 empfohlen, die in einer Mischung von 100 ml Silicon WL 22, 300 ml Toluol und 5 ml Härter L angewandt wurde. Tauchversuche, die wir mit dieser Mischung und chromgaren Manschettenledern durchführten und bei denen die Leder jeweils zweimal über eine Zeitdauer von 15 Minuten getaucht und dazwischen 3 Stunden bei 50°C getrocknet wurden, haben keinerlei brauchbare Ergebnisse ergeben. Wesentlich günstiger waren dagegen die Befunde, wenn wir nach dem Streichverfahren arbeiteten. Dabei wurde einmal mit einem einfachen Aufstrich gearbeitet und bei anderen Versuchen mit vier Aufstrichen innerhalb von 6 Stunden bzw. vier Aufstrichen innerhalb von 2 Tagen. Nach Beeendigung des letzten Aufstriches wurde wieder 3 Stunden bei 50°C getrocknet. Es konnte festgestellt werden, daß unter allen diesen Bedingungen eine sehr gute Abdichtung erreicht wurde, wobei Drucke bis zu 5 atü einwandfrei ausgehalten wurden. Auch die Lagerung in den verschiedenen Hydraulikölen hat eine einwandfreie Beständigkeit dieser Imprägnierung ergeben. Wenn also nur eine ölfeste Oberflächenimprägnierung gefordert wird, könnten auch geeignete Silicone insbesondere bei Anwendung nach dem Streichverfahren mit Vorteil einzusetzen sein.

IV. Zusammenfassung

Die durchgeführten Untersuchungen zur Verbesserung der Herstellungsverfahren und der Eigenschaften technischer Leder haben folgende Ergebnisse gezeigt:

1. Treibriemenleder

Für Hochleistungsantriebe kommen nur kalt- oder warmgefettete Leder in Betracht. Hinsichtlich ihrer Zusammensetzung sollte der Mineralstoffgehalt nicht über 1,0%, der Gehalt an auswaschbaren Stoffen nicht über 5,0%, die Durchgerbungszahl nicht über 55 bis höchstens 60 und der pH-Wert eines vorschriftsgemäß hergestellten wässerigen Auszugs nicht unter 3,5 liegen. Der Fettgehalt wird zweckmäßig mit 12% als obere Grenze begrenzt, der Steigschmelzpunkt des Fettes sollte nicht über 45°C, die Säurezahl nicht über 40, höchstens 45 liegen. Die Zugfestigkeit sollte mindestens 300 kp/cm² und die Stichausreißfestigkeit mindestens 150 kp/cm betragen. Bei der Biegeprüfung nach NAUMANN–SCHOPPER mit dem Narben nach außen darf die Biegebelastung beim ersten Biegen nicht über 3 kp, bei der 20. Biegung nicht über 2,5 kp liegen. Leder für Hochleistungsriemen müssen naß gestreckt werden, die bleibende Dehnung im naßgestreckten Zustand darf nach vorheriger stufenweiser Belastung auf 50 kp/cm² und Entlastung auf 10 kp/cm² 2,5% der ursprünglichen Länge nicht übersteigen.
Bei der Herstellung von Ledern für Hochleistungstreibriemen muß ein genügender Äscheraufschluß erreicht werden, wobei sich Kurzäscher unter Anwendung der Faßschwöde als am günstigsten erwiesen haben. Vor der Gerbung muß eine restlose Durchentkälkung erfolgen, die Gerbung sollte nur in ruhendem Zustand durchgeführt

werden, wobei auch kurze Gerbzeiten von 10 bis 12 Tagen einwandfreie Lederqualität ergeben, wenn die Gesetzmäßigkeiten für die Gerbbeschleunigung berücksichtigt und insbesondere Temperatur und pH-Wert exakt eingehalten werden. Durch Vollautomatisierung der Überwachung des Gerbvorganges kann die exakte Einhaltung dieser Vorschriften zuverlässig gewährleistet werden. Bei der Fettung ist weichen Fettmischungen der Vorzug zu geben. Schließlich ist bei Herstellung von Treibriemen aus warmgefetteten Ledern ein Naßstrecken unerläßlich.

Für eine einwandfreie Verklebung zu Hochleistungstreibriemen kommen in erster Linie Klebstoffe auf Neopren-, Polyurethan- und Polyesterbasis in Betracht. Auch die Klebstellen sollten eine Zugfestigkeit von mindestens 300 kp/cm² aushalten, und bei der Biegeprüfung nach NAUMANN–SCHOPPER sollte nach 20 Biegungen die Biegebelastung nicht oder nicht nennenswert über 2,5 kp liegen.

2. Zylinderkalbleder

Nach dem Ergebnis der durchgeführten Untersuchungen sollen chromgare bzw. kombiniert gegerbte Zylinderkalbfelle die folgenden Anforderungen erfüllen, wobei die chemischen Daten nach den neuen RAL-Vorschriften auf 0% Wasser bezogen sind:

Chromoxidgehalt (Cr_2O_3):	2–3%
lösliche Mineralstoffe:	höchstens 1% höher als Cr_2O_3
extrahierbares Fett:	nicht über 5%
gebundenes Fett:	mindestens 1%, zweckmäßig über 2%
freie Fettsäuren:	nicht über 1%
pH-Wert des wässerigen Auszugs:	nicht unter 3,5, aber möglichst auch nicht nennenswert über 4,0
Zugfestigkeit kp/cm²:	mindestens 200
Narbenplatzen:	die Belastung, bei der Narbenplatzen eintritt, darf höchstens 10% unter der Bruchlast liegen
Dehnung bei geringer Belastung:	bei 5 kp/cm² höchstens 15%
	bei 10 kp/cm² höchstens 30%
Dauerbiegefestigkeit (Flexometer):	mindestens 100 000 Knickungen
Abriebfestigkeit (Gewichtsverlust in Gramm):	nach 500 Umdrehungen unter 0,2 g
	nach 1000 Umdrehungen unter 0,4 g
	nach 1500 Umdrehungen unter 0,7 g

Im Rahmen der durchgeführten Untersuchungen wurden über alle Herstellungsstadien eingehende vergleichende Untersuchungen durchgeführt, so daß die optimalen Bedingungen für die Erreichung der vorstehend angeführten Mindestanforderungen erarbeitet werden konnten. Die technologischen Bedingungen sind so ausgearbeitet, daß die Herstellung auch in voll- oder halbautomatisch arbeitenden Gerbanlagen durchgeführt werden kann.

3. Ölfestimprägnierung von Ledermanschetten

Im Rahmen der durchgeführten Untersuchungen wurden die verschiedenen Möglichkeiten der Ölfestimprägnierung von Ledermanschetten vergleichsweise geprüft. Dabei hat sich gezeigt, daß zweckmäßig nur Chromleder für solche Imprägnierungen verwendet werden, die auch wegen ihrer höheren Temperaturbeständigkeit gegenüber pflanzlich gegerbten Manschetten wesentliche Vorteile besitzen. Für eine gute Durchimprägnierung der Manschetten hat sich in erster Linie die Imprägnierung mit den Thiokolen LP 3 und LP 8 in Kombination mit einer Kobalt–Sikkativ-Härtung als zweckmäßig erwiesen. Die Imprägnierungen können für sich angewandt werden, vermögen aber unter Umständen auch in Kombination mit einer klassischen Imprägnierung bereits eine wesentliche Verbesserung der Ölfestigkeit zu bewirken. Wird die Ölfestimprägnierung für sich allein angewandt, so ist es zweckmäßig, die verwendeten chromgaren Manschettenleder insgesamt standfester herzustellen und außerdem bei der Preßtechnik zu berücksichtigen, daß nach der Formgebung mit einer geringen Ausweitung der Manschetten gerechnet werden muß.

Es ist mir ein Bedürfnis, dem Herrn Ministerpräsidenten des Landes Nordrhein-Westfalen für die finanzielle Unterstützung dieser Arbeit herzlich zu danken. Ferner danke ich den Herren K. HÄRTEWIG und ST. MOLL für die Durchführung der Gerbversuche dieser Arbeit, Herrn Dipl.-Ing. O. ENDISCH und Herrn W. LIST für die verständnisvolle Mitarbeit bei den Verklebungs- und Imprägnierungsversuchen und bei der systematischen analytischen Prüfung der hergestellten Leder.

V. Literaturverzeichnis

[1] Hier sei auch auf eine neuere Veröffentlichung von P. J. van Vlimmeren verwiesen (Gerbereiwissenschaft und Praxis, August und Oktober 1967), in der über eine Reihe physikalischer und visueller Eigenschaften von Chromtreibriemenleder berichtet wird.
[2] Herfeld, H., I. Steinlein und K. Königfeld, Gerbereiwissenschaft und Praxis, November 1962.
[3] Herrn Prof. Bussmann sind wir für die Durchführung dieser Prüfungen zu besonderem Dank verpflichtet.
[4] Herfeld, H., B. Schubert und E. Häussermann, Das Leder 1966, 243; H. Herfeld und B. Schubert, Gerbereiwissenschaft und Praxis, November und Dezember 1967.
[5] Zusammenfassender Bericht siehe H. Herfeld, Gerbereiwissenschaft und Praxis, Oktober und November 1965.
[6] Herfeld, H., und St. Moll, Gerbereiwissenschaft und Praxis, Mai 1965.
[7] Herfeld, H., J. Otto, H. Rau und St. Moll, Das Leder 1967, 222.
[8] Seligsberger, L., C. W. Mann und H. Clayton, JALCA 1960, 687.
[9] Durchführung der Verklebungen siehe H. Herfeld, Gerbereiwissenschaft und Praxis, Februar 1968.
[10] Herfeld, H., St. Moll und W. Harr, Gerbereiwissenschaft und Praxis, Januar und Februar 1969.
[11] Herfeld, H., und I. Steinlein, Gerbereiwissenschaft und Praxis, August 1964.
[12] Herfeld, H., und K. Schmidt, Gerbereiwissenschaft und Praxis, März 1965.
[13] Herfeld, H., und M. Oppelt, Gerbereiwissenschaft und Praxis, September 1966.
[14] Herfeld, H., und I. Steinlein, Gerbereiwissenschaft und Praxis, Januar 1968.
[15] Herfeld, H., und M. Oppelt, Gerbereiwissenschaft und Praxis, August 1961.
[16] Siehe z. B. W. Grassmann, Handbuch der Gerbereichemie und Lederfabrikation, II. Band, 2. Teil, Wien 1939, S. 201 ff.
[17] Herfeld, H., und W. Pauckner, Gerbereiwissenschaft und Praxis, September 1967.
[18] Pauckner, W., und H. Herfeld, Das Leder 1967, 239; 1968, 84.
[19] Cranker, K. R., Ref. Das Leder 1951, 162.
[20] Jorczak, J. S., und E. M. Fettes, Ind. Eng. Chem. 1951, 324.
[21] Cranker, K. R., und J. S. Jorczak, JALCA 1952, 278.
[22] Fortschrittsbericht, Das Leder 1952, 182.
[23] Cranker, K. R., The Leather Manufacturer, Dezember 1956.
[24] Göbel, G., Kunststoff, 1958, 56.
[25] Dogliotti, E. C., C. W. Mann und J. Barry, JALCA 1959, 85, Ref. Das Leder 1960, 45.
[26] Eitel, K., Das Leder 1953, 234.
[27] Lieferfirmen:
 a) Thiokol-Ges. mbH, Mannheim-Waldhof;
 b) Als Kobalt-Hexogen das Solingen-Kobalt 6 flüssig der Farbwerke Hoechst;
 c) Als Bleisikkativ das Octa-Solingen-Blei 24 flüssig der Farbwerke Hoechst;
 d) Diphenylguanidin wird unter der Bezeichnung Vulkacit D von den Farbenfabriken Bayer geliefert;
 e) Cumolhydroperoxid 70%ig liefert die Bergwerksgesellschaft Hibernia, Herne;
 f) Propylenoxid liefern die Chemischen Werke Holten GmbH, Oberhausen;
 g) Methyläthylketon liefert die Deutsche Shell AG, Hamburg.
[28] Nähere Angaben über die Prüfapparatur siehe H. Herfeld und O. Endisch, Gerbereiwissenschaft und Praxis, September 1969.

Forschungsberichte des Landes Nordrhein-Westfalen

Herausgegeben im Auftrage des Ministerpräsidenten Heinz Kühn
von Staatssekretär Professor Dr. h. c. Dr. E. h. Leo Brandt

Sachgruppenverzeichnis

Acetylen · Schweißtechnik
Acetylene · Welding gracitice
Acétylène · Technique du soudage
Acetileno · Técnica de la soldadura
Ацетилен и техника сварки

Arbeitswissenschaft
Labor science
Science du travail
Trabajo científico
Вопросы трудового процесса

Bau · Steine · Erden
Constructure · Construction material ·
Soil research
Construction · Matériaux de construction ·
Recherche souterraine
La construcción · Materiales de construcción ·
Reconocimiento del suelo
Строительство и строительные материалы

Bergbau
Mining
Exploitation des mines
Minería
Горное дело

Biologie
Biology
Biologie
Biologia
Биология

Chemie
Chemistry
Chimie
Quimica
Химия

Druck · Farbe · Papier · Photographie
Printing · Color · Paper · Photography
Imprimerie · Couleur · Papier · Photographie
Artes gráficas · Color · Papel · Fotografía
Типография · Краски · Бумага · Фотография

Eisenverarbeitende Industrie
Metal working industry
Industrie du fer
Industria del hierro
Металлообрабатывающая промышленность

Elektrotechnik · Optik
Electrotechnology · Optics
Electrotechnique · Optique
Electrotécnica · Optica
Электротехника и оптика

Energiewirtschaft
Power economy
Energie
Energía
Энергетическое хозяйство

Fahrzeugbau · Gasmotoren
Vehicle construction · Engines
Construction de véhicules · Moteurs
Construcción de vehículos · Motores
Производство транспортных средств

Fertigung
Fabrication
Fabrication
Fabricación
Производство

Funktechnik · Astronomie
Radio engineering · Astronomy
Radiotechnique · Astronomie
Radiotécnica · Astronomía
Радиотехника и астрономия

Gaswirtschaft
Gas economy
Gaz
Gas
Газовое хозяйство

Holzbearbeitung
Wood working
Travail du bois
Trabajo de la madera
Деревообработка

Hüttenwesen · Werkstoffkunde
Metallurgy · Materials research
Métallurgie · Matériaux
Metalurgia · Materiales
Металлургия и материаловедение

Kunststoffe
Plastics
Plastiques
Plásticos
Пластмассы

Luftfahrt · Flugwissenschaft
Aeronautics · Aviation
Aéronautique · Aviation
Aeronáutica · Aviación
Авиация

Luftreinhaltung
Air-cleaning
Purification de l'air
Purificación del aire
Очищение воздуха

Maschinenbau
Machinery
Construction mécanique
Construcción de máquinas
Машиностроительство

Mathematik
Mathematics
Mathématiques
Matemáticas
Математика

Medizin · Pharmakologie
Medicine · Pharmacology
Médecine · Pharmacologie
Medicina · Farmacología
Медицина и фармакология

NE-Metalle
Non-ferrous metal
Metal non ferreux
Metal no ferroso
Цветные металлы

Physik
Physics
Physique
Física
Физика

Rationalisierung
Rationalizing
Rationalisation
Racionalización
Рационализация

Schall · Ultraschall
Sound · Ultrasonics
Son · Ultra-son
Sonido · Ultrasónico
Звук и ультразвук

Schiffahrt
Navigation
Navigation
Navegación
Судоходство

Textilforschung
Textile research
Textiles
Textil
Вопросы текстильной промышленности

Turbinen
Turbines
Turbines
Turbinas
Турбины

Verkehr
Traffic
Trafic
Tráfico
Транспорт

Wirtschaftswissenschaften
Political economy
Economie politique
Ciencias económicas
Экономические науки

Einzelverzeichnis der Sachgruppen bitte anfordern

Westdeutscher Verlag · Köln und Opladen
567 Opladen/Rhld., Ophovener Straße 1–3, Postfach 1620

MIX
Papier aus verantwortungsvollen Quellen
Paper from responsible sources
FSC® C105338

If you have any concerns about our products,
you can contact us on
ProductSafety@springernature.com

In case Publisher is established outside the EU,
the EU authorized representative is:
Springer Nature Customer Service Center GmbH
Europaplatz 3, 69115 Heidelberg, Germany

Printed by Libri Plureos GmbH
in Hamburg, Germany